普通高等学校规划教材·艺术设计系列

室内设计基础

SHINEI SHEJI JICHU

李强 编

化学工业出版社
·北京·

本书阐述了室内设计的基本概念、设计过程、学习方法，室内设计的演化过程和发展趋势，分析了室内设计的基本原则和室内空间的造型元素；在此基础上，进一步详细探讨了室内界面及部件的装饰设计，探讨了室内环境中的家具与陈设布置；此外，本书还涉及室内设计中的其他相关学科如人体工学等室内设计内容。

全书图文并茂、内容全面，具有较强的理论性与实用性，可供建筑学、室内设计、环境艺术设计、建筑装饰等专业的高校师生、建筑装饰行业的从业人员以及对室内设计感兴趣的相关人士阅读使用。

图书在版编目（CIP）数据

室内设计基础/李强编．—北京：化学工业出版社，2010.10（2018.10重印）
普通高等学校规划教材——艺术设计系列
ISBN 978-7-122-09336-3

Ⅰ.室…　Ⅱ.李…　Ⅲ.室内设计-高等学校-教材
Ⅳ.TU238

中国版本图书馆CIP数据核字（2010）第160453号

责任编辑：尤彩霞　　装帧设计：韩　飞
责任校对：郑　捷

出版发行：化学工业出版社（北京市东城区青年湖南街13号　邮政编码100011）
印　　装：大厂聚鑫印刷有限责任公司
787mm×1092mm　1/16　印张$7^1/_2$　字数176千字　2018年10月北京第1版第6次印刷

购书咨询：010-64518888（传真：010-64519686）　售后服务：010-64518899
网　　址：http://www.cip.com.cn
凡购买本书，如有缺损质量问题，本社销售中心负责调换。

定　　价：28.00元

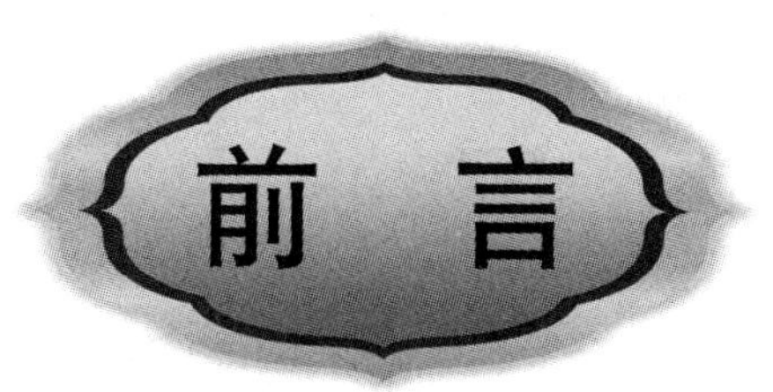

前言

人的一生，绝大部分时间是在室内度过的。因此，人们设计创造的室内环境，必然会直接关系到室内生活、生产活动的质量，关系到人们的安全、健康、效率、舒适等。

室内环境的创造，应该把保障安全和有利于人们的身心健康作为室内设计的首要前提。人们对于室内环境除了有使用安排、冷暖光照等物质功能方面的要求之外，还常有与建筑物的类型、性格相适应的室内环境氛围、风格文脉等精神功能方面的要求。

由于人们长时间地生活活动于室内，因此现代室内设计，或称室内环境设计，相应地是环境设计系列中和人们关系最为密切的环节。

室内设计的总体，包括艺术风格，往往能从一个侧面反映相应时期社会物质和精神生活的特征。随着社会发展的历代的室内设计，总是具有时代的印记，犹如一部无字的史书。这是由于室内设计从设计构思、施工工艺、装饰材料到内部设施，必然和当时社会的物质生产水平、社会文化和精神生活状况联系在一起；在室内空间组织、平面布局和装饰处理等方面，从总体来说，也还和当时的哲学思想、美学观点、社会经济、民俗民风等密切相关。

本教材对室内设计的起源、发展、室内设计的含义、室内设计的风格与流派，以及人体工程学、环境心理学、环境物理学等，都做了较深入的介绍与阐述。

本书在编写过程中得到郑莎莎、陆长龙、李莉、史公营、李秋阳等同学的帮助，山东农业大学苗蕾老师也参与了本书部分章节的编写整理，在这里一并表示感谢！

由于时间仓促，编者水平所限，总会存在着一些不足，恳请各位专家同行，批评指正。

编者

2010年7月

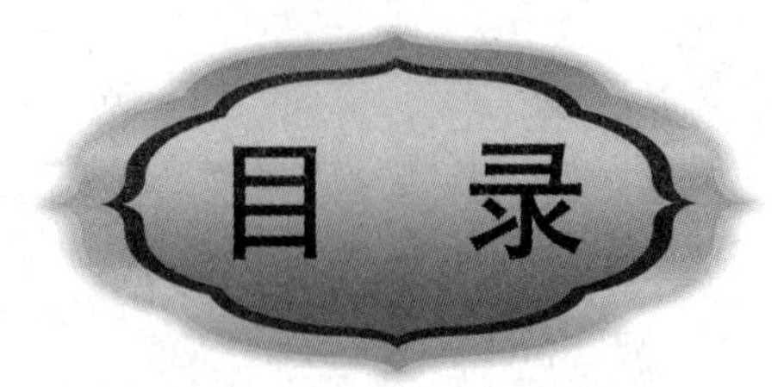
目 录

第1章 室内设计概论

1.1 室内设计的概念和意义

1.1.1 室内设计的基本概念

室内环境设计，是人为环境设计的一个主要部分，是指建筑内部空间的理性创造方法，是一种以科学为构造基础，以艺术为形式表现，为塑造一个精神与物质并重的室内生活环境而进行的理性创造活动。它根据现代人日常生活习惯（特性），依据使用安排、冷暖、光照等物质功能要求，以及建筑物类型、使用者性格相适应的室内氛围、风格文脉等精神功能方面的要求进行的重构设计。

室内设计是环境的一部分，所谓环境（environment）是指影响人类生存和发展的各种天然的和经过人工改造的自然因素的总体，室内设计属于经过人工改造的环境，人们绝大部分时间生活在室内环境之中，因此室内设计与人们的关系在环境艺术设计系统中最为密切。

1.1.2 室内设计的分类

现代室内设计由室内环境设计、装修设计和装饰陈设设计三大部分组成。

室内环境设计包括空间视觉形象设计和空间环境设计的内容，涉及工程技术的要求以及对建筑、社会、经济、文化、环境等因素的综合考虑，是一个完整体系构成的室内设计。

室内装修设计偏重于从工程技术、施工工艺、利用不同的材料，按照一定的尺度和比例，对室内的地面、墙面、天花板等界面以及门窗等建筑构件进行处理。

室内陈设设计中“陈设”也可称为摆设、装饰，俗称软装饰。“陈设”可理解为摆设品、装饰品，也可理解为对物品的陈列、摆设布置、装饰。室内装饰陈设的目的则在于美化，主要是对建筑内部空间已经装修的围护面进行装饰处理，偏重于从视觉艺术的角度选择和配置室内的家具、软装饰品及陈列艺术品。

室内装饰陈设和室内装修是现代室内设计的重要组成部分，但绝不是室内设计的全部内容。因为，室内空间环境设计远比室内装饰陈设、室内装修具有更加广泛的含义，因此，三大系统中不可缺少任何一个系统。

室内陈设品的内容丰富。从广义上讲，室内空间中，除了围护空间的建筑界面以及建筑构件外，一切实用或非实用的可供观赏和陈列的物品，都可以作为室内陈设品（图1-1～图1-5）。

1.1.3 室内设计基础步骤

室内设计包括了三个基础步骤：一是对空间的设计，也即对原建筑空间进行合理的利用和改善，以得到符合功能要求的空间状态；二是空间界面的装修，即对室内顶棚、墙面、地面的装饰、铺装以及水、电、气的管线预埋、安装，厨、卫设备的定位、安装；三是室内陈设设计，包括对家具、电器、灯具、艺术品、绿植、织物等陈设品的选择与布置等。其中室内陈设设计更多的包括室内设计中有关合理、舒适、美观等问题。进一步深入具体的设计工作，它是对室内设计创意的完善和深化。

1.1.4 室内设计的内容

室内设计从内容上讲主要有四个方面：空间设计；陈设设计；色彩、材质设计；光设计。而陈设设计中也包含大量的色彩材质设计、灯光设计以及空间设计的内容。因此，可以说室内陈设设计是室内设计后期工作的主体，是在室内设计的整体创意下，室内陈设设计的宗旨就是创造一种更加合理、舒适、美观的室内环境。

1.2 室内设计的外延

1.2.1 室内设计与建筑环境

室内设计作为一门空间设计艺术，涵盖在广义建筑学的概念之中。它是建筑的一个重要组成部分，是在建筑设计基础上的继续、深入和发展。室内设计可以被认为是在建筑环境中，为了实现某种特定的功能需求而进行的内部空间的组织和再创造。

1.2.2 室内设计是空间-人-环境的关键点

建筑是以空间为其主要物质形式的，而人们的各种日常生活都需要有与之相适应的室内空间。因此，室内空间设计的效果直接影响着人们的物质和文化生活质量，也就是说，“空间”是室内设计的首要因素。室内设计的精髓就在于对室内空间整体艺术氛围的充分把握和营造，而主宰空间的核心就是“人”。尤其是现在，人们对空间的理解已经打破了传统的三维空间概念，发展成为包含时间因素的四维时空概念和包括心理因素在内的五维空间概念。这就要求室内设计从更高的层面对空间进行再创造，并且根据物质功能和精神功能的双重要求，打破传统的室内外及层次上的界限，展现由简单向复杂、由封闭向开敞、由静态向动态、由理性向感性转换的空间态势，逐步形成一套比较完整的现代室内设计理论、观点和方法，从而使现代室内设计获得充分自由的发展空间。

1.3 室内设计的历史概况

室内是人类生活的主要场所。在人类历史发展的不同时期，室内设计是既古老又年轻的行业，在不同的历史时期，具有不同使命和方向。现在作为一门新兴的学科，室内设计逐渐走入人们的日常生活。

无论从技术层面，还是从审美角度分析，人类对自身生存环境的关注都经历了一个由低级向高级的进化。从宏观的角度来认识这一过程的话，我们大致可以将室内环境设计的历史发展过程分为三个阶段。

室内设计历史发展的最初阶段，也是人类文明发展的早期。人们解决居住空间环境的技术能力和所拥有的物质财富有限，只能达到满足最基本的生存需要。这一时期，室内环境设计的成就大多体现在宗教礼拜、供奉偶像、祭奠先人的纪念性空间里。从历史上遗留的大量宗教建筑和墓葬内部空间来看，那个时期的室内空间在构造和处理手段上，体现出环境设计的艺术与技术紧密结合的特征，为后来的发展打下了基础。

随着生产力的进步、社会阶层的分化以及社会财富的积累，人类文明发展到一定的时期，室内环境设计的发展也进入一个新的阶段。在东方，特别是在封建帝王统治下的中国，宫殿、园林、别墅装饰精美、异常华丽。如北京故宫太和殿的内部装修（图1-6）。在历代文献《考工记》、《梓人传》、《营造法式》、《园冶》中，均有室内设计的内容。清代名人李渔在《一家言居室器玩部》的居室篇中，对我国传统建筑室内设计的构思立意，对室内装修的要领和做法，作了独到精辟的见解。“盖居室之制，贵精不贵丽，贵新奇大雅，不贵纤巧烂漫”。

欧洲中世纪和文艺复兴以来，西方统治者开始大兴土木，教堂、宫苑、别墅的内部空间奢华无比。这个时期的室内空间设计追求视觉上的愉悦。如意大利都灵宫殿内的巴洛克风格的室内装修。这一时期的内部空间奢华无比，昂贵的材料、无价的珍宝、名贵的艺术品都被带进室内空间，工艺艺术品的引入，大大地丰富了室内环境设计的内容，给后人留下一笔丰厚的遗产。然而那些反映统治阶层趣味，不惜动用大量昂贵材料堆砌而成的豪华空间，也给后人种下一味醉心于装饰而忽略空间关系与建筑逻辑的病根。

一直到工业革命以后，钢、玻璃、混凝土、批量生产的纺织品和其他工业产品，以及后来出现的大批量生产的人工合成材料，给设计师带来更多的选择，新材料及其相应的构造技术极大地丰富了室内空间。人类对室内环境的创造活动才跨入了一个崭新的时期。受到新的“机器美学”的鼓舞，20世纪初的现代主义运动摒弃了室内设计中不必要的装饰，大量新颖材料和建筑技法被相继采用以便创造更明亮、宽广、具功能性的室内环境。1919年，在德国创立的包豪斯（Bauhaus）学派（图1-7），摒弃原有的奢华装饰风格，倡导注重功能，推进现代工艺技术和新型材料的运用，在建筑和室内设计方面，提出了与工业社会相适应的新概念。包豪斯学派的创始人格罗皮屋斯曾提出“我们正处在一个生活大变动时期，旧社会在机器的冲击下破碎了，新社会正在形成之中。在我们的设计工作里，重要的是不断发展，随着生活的变化而改变表现方式”。经过近百年的不断实践和探索，现在室内环境设计已经成为一个融汇技术、跨越技术与艺术领域的综合性专业学科。

1.4 室内设计的基本观点

现代室内设计，从创造出满足现代功能、符合时代精神的要求出发，需要确立一些基本观点。

室内设计的目的是创造室内空间环境为人服务，以提高物质生活水准、增进室内环境的精神品质，放在设计的首位。现代室内设计特别重视人体工程学、环境心理学、审美心理学等方面的研究，用以科学地、深入地了解人生理特点、行为心理和视觉感受等方面对室内环境的设计要求。

现代室内设计的立意、构思、室内风格和环境氛围的创造，需要着眼于对环境整体、文化特征以及建筑物的功能特点等方面的考虑。室内设计还是自然环境、人工环境、社会环境，包括历史文脉、区街坊、建筑室外环境的一部分。

室内设计包含功能和形式两个相辅相成的结构层面，创造出高品质的室内空间。自然界中的一切物体都有形状，也就是形式或造型。室内环境的功能总是以特定的形式或造型体现，因此形式便成为设计关注和研究的重点，按美的形式法则来创造室内空间形式，使得室内环境的功能与形式达到和谐统一。

创造室内环境中高度重视科学性、艺术性，包括新型的材料、结构构成和施工工艺，以及为创造良好声、光、热环境的设施设备。同时，高度重视建筑美学原理，重视创造具有表现力和感染力的室内空间和形象，创造具有视觉愉悦感和文化内涵的室内环境，总之，科学性与艺术性、生理要求与心理要求、物质因素与精神因素的平衡和综合。

人类社会的发展，都有历史延续性。室内设计中，都有可能因地制宜地采取有民族特点、地方风格、乡土风味，充分考虑历史文化的延续和发展的设计手法。这里所说的历史文脉，并不能简单地从形式、符号来理解，而是广义地涉及规划思想、平面布局和空间组织特征，甚至设计中的哲学思想和观点。

室内设计的依据因素、使用功能、审美要求等，都不是一成不变的，要以动态发展的过程来认识和对待。要求室内设计者既考虑发展有更新可变的一面，又考虑发展在能源、环境、土地、生态等方面的可持续性。

1.5 室内设计的发展趋势

根据美国FIDE（Foundation of Interior Design Education Research）的最新调查研究，优秀室内设计作品的价值和特征表现为：

① 拥有创造性和分析性的思维；

② 对使用者的充分关注；

③ 具有民族特征和世界性的开放意识；

④ 对新技术的充分接纳，并作为设计和交流的手段；

⑤ 掌握和遵循规范和规定，保护客户和使用者的安全。

从以上的总结不难看出，当今的室内设计机构、设计事务所和设计师正在努力发掘室内设计自身的价值取向。

1.6 室内设计的具体内容、种类和方法步骤

现代室内设计，也称室内环境设计，作为一个综合性的设计系统，其内容分类可依据多种基础。从室内设计科学的程序出发，按功能与审美、技术与艺术的概念进行内容的分类更符合专业的特点。它主要包含室内空间组织、调整再创造；室内平面功能分析和布置；地面、墙面、顶棚等各界面线形和装饰设计；考虑室内采光、照明要求和音质效果；确定室内主色调和色彩配置；选用各界面的装饰材料、确定构造做法；协调室内环控、水电设备要求；家具、灯具、陈设等的布置、选用或设计，室内绿化布置等。

（1）室内环境的内容和感受

室内设计的目的是创建室内空间环境为人服务。室内设计的内容，包括围合的室内空间形状、空间的尺度，室内的采光、照明、音质、室温，室内空气环境等各方面的室内客观环境因素。室内环境的最重要的是服务于人，室内设计环境需要考虑的方面很多，如人对视觉环境、听觉环境、触觉环境、嗅觉环境等的身心体会。对于现在室内环境的设计，必须要充分考虑客观环境因素和人对环境的主观感受，只有达到两者的统一，才能真正满足人们对室内环境的需求，达到“天人合一”的艺术境界。

室内空间是大空间中的小空间，是大环境中的小环境，同时也是建筑界面相对于自然的内侧空间。室内环境设计与外部空间、庭院、绿化、陈设艺术品、日用工业产品等密切相关，根据不同功能的室内设计要求，室内设计人员应尽可能地熟悉相关基本内容，了解具体的环境施工因素，以及相关的施工工艺，设计时主动自觉地考虑诸项施工因素、客户的审美心理，以及与有关工种人员相互协调、密切配合，高效地完成对室内空间环境的设计。

（2）室内设计的内容和相关因素

现代室内设计涉及的面很广，但是设计的主要内容可以归纳为以下三个方面：

① 室内空间组织和界面处理　室内设计的空间组织，包括平面布置，首先需要对原有建筑设计的意图充分理解，对建筑物的总体布局、功能分析、人流动向以及结构体系等有深入的了解，在室内设计时对室内空间和平面布置予以完善、调整或再创造。由于现代社会生活的节奏加快，建筑功能发展或变换，也需要对室内空间进行改造或重新组织，这在当前对各类建筑的更新改建任务中是极常见的。室内空间组织和平面布置，也必然包括对室内空间各界面围合方式的设计。

室内界面处理，是指对室内空间的各个围台面——地面、墙面、隔断、平顶等各界面的使用功能和待点的分析，界面的形状、图形线脚、肌理构成的设计，以及界面和结构构件的连接构造，界面和风、水、电等管线设施的协调配合等方面的设计（图1-8）。附带需要指明的一点是，界面处理不一定要做“加法”。从建筑物的使用性质、功能特点方面考虑，一些建筑物的结构构件（如网架屋盖、混凝土柱身、清水砖墙等），也可以不加任何装饰，作为界面处理的手法之一，这正是单纯的装饰和室内设计在设计思路上的不

同之处。

室内空间组织和界面处理，是确定室内环境基本形体和线形的设计内容为依据，考虑相关的客观环境因素和主观的身心感受。

② 室内光照和色彩设计 “正是由于有了光，才使人眼能够分清不同的建筑形体和细部”（达·芬奇），光照是人们对外界视觉感受的前提。

室内光照是指室内环境的天然采光和人工照明，光照除了能满足正常的工作生活环境的采光、照明要求外，光彩效果和光照还能有效地起到烘托室内环境气氛的作用（图1-9、图1-10）。

色彩是室内设计中最为生动、极活跃的因素，室内色彩往往给人们留下室内环境的第一印象，色彩最具表现力，通过人们的视觉感受产生的生理、心理和类似物理的效应，形成丰富的联想、深刻的寓意象征。

光和色不能分离，除了色光以外，色彩还必须依附于界面、家具、室内织物、绿化等物体。室内色彩设计需要根据建筑物的性格、室内使用性质、工作活动特点、停留时间长短等因素，确定室内主色调，选择适当的色彩配置（图1-11）。

③ 材料质地　材料质地的选用，是室内设计中直接关系到实用效果和经济效益的重要环节，巧于用材是室内设计中的一大学问。切面材料的选用，同时具有满足使用功能和人们身心感受这两方面的要求，例如坚硬、平整的花岗石地面，光滑、精巧的镜面，轻柔、细软的室内纺织品，以及自然、亲切的本质面材等。室内设计毕竟不能停留于一幅彩稿，设计中的形、色，最终必须与所选“载体”——材质，这一物质构成相统一。在光照下，室内的形、色、质融为一体，赋予人们以综合的视觉心理感受。

（3）室内陈设物

家具、陈设、灯具、绿化等室内设计的内容，相对地可以脱离界面布置于室内空间里（固定家具、嵌入灯具及壁画等与界面组合），在室内环境中，实用和装饰的作用都极为突出，通常它们都处于视觉中显著的位置。家具还直接与人体相接触，感受距离最为接近。家具、陈设、灯具、绿化等对烘托室内环境气氛，形成室内设计风格等方面起到举足轻重的作用（图1-12～图1-14）。

室内绿化在现代室内设计中具有不能代替的特殊作用。室内绿化具有改善室内小气候和吸附粉尘的功能，更为主要的是，室内绿化使室内环境生机勃勃，带来自然气息，令人赏心悦目，起到柔化室内人工环境，在高节奏的现代社会生活中具有协调人们心理使之平衡的作用（图1-15）。

上述室内设计内容所列的三个方面，其实是一个有机联系的整体：光、色、形体让人们能综合地感受室内环境，光照下界面和家具等是色彩和造型的依托“载体”，灯具、陈设又必须和空间尺度、界面风格相协调。

人们常称建筑学是工科中的文科，现代室内设计被认为是处在建筑艺术和工程技术、社会科学和自然科学的交汇点，现代室内设计与一些学科和工程技术因素的关系极为密切，例如学科中的建筑美学、材料学、人体工程学、环境物理学、环境心理和行为学等；技术因素如结构构成、室内设施和设备、施工工艺和工程经济、质量检测以及计算机技术在室内设计中的应用等。

1.7 室内设计的种类

室内设计所设涉及的内容与建筑的类型和人们的日常生活方式有着最直接的关系。按照人的生活行为模式，室内空间设计可分为三大类型，即居住空间、公共空间、工作空间。每一类空间都有着明确的使用功能，这些不同的使用功能所体现的内容构成了空间的基本特征。

由于室内空间使用功能的性质和特点不同，每种使用功能都有自己的分工。具体到每个有明确使用功能的空间，其建筑平面的划分因人的行为特点表现为“动”和“静”两种基本类型。人在行走时出入的特定空间称之为“动”，在建筑平面上就是交通面积；人的站、坐、卧行为在某一建筑空间里所使用的特定空间体现为“静”，在建筑平面上就是使用面积。划分空间的这种功能就成为室内设计功能的主要内容。室内设计空间环境按建筑类型及其功能的设计划分，是为了使设计者在设计前首先明确所设计空间的使用性质，明确空间的功能定位。

（1）按空间使用类型区分

按空间的使用类型可分为三大方面：居住空间、工作空间、公共空间。每一个空间都包含着相应的内容。居住空间在建筑类型上有单元平房、平房组合庭院、单体楼房、楼房组合庭院以及综合群组等样式；在使用类型上有单间住宅、单元住宅、成套公寓、景园别墅、成组庄园等形式。工作空间的建筑类型相对简单，一类为办公楼房，一类为厂房车间。其使用类型则以功能为主进行分区的不同空间来界定。其中，公共空间的内容丰富，建筑形式变化多样，使用类型复杂多元，包含文教建筑空间设计、医疗建筑空间设计、商业建筑空间设计、旅游建筑空间设计、观演建筑空间设计、体育建筑空间设计、展览建筑空间设计、交通建筑空间设计、科研建筑空间设计等。

（2）按生活行为方式区分

室内空间设计是以满足人们的生活需要而进行的。以人的生活行为方式界定室内空间，在设计的思维逻辑上更显得合理。按这种生活方式分室内空间可分为：餐饮空间、睡眠空间、休息空间、会谈空间、购物空间、劳作空间、娱乐空间、运动空间等。

（3）按空间构成方式区分

不同的空间依据不同形态的界面围合而成，围合形式的差异造就了空间内容的变化。按空间构成方式分静态封闭空间、动态开敞空间、虚拟流动空间。在三种基本形式下，依据建筑本身的结构、空间尺度、建筑装饰材料及空间形体里的几何形体变化，演变出各式各样的空间样式。

（4）按空间装饰陈设区分

室内空间装饰陈设包括两个方面：对墙面进行的装修装饰设计和室内使用空间所进行的陈设装饰设计（即软装饰设计）。明确空间装饰陈设的内容划分，有助于设计者从空间整体艺术氛围的角度出发，提高整个空间的艺术品位。

1.8 室内设计的思维方法

设计的过程与结果都是通过大脑对空间环境进行理性和感性的思维结合实现的。从各高校的教育体系来看，理工技术类学科偏重于抽象的思维训练，文学艺术类学科偏重于形象思维的训练，从而达到“因材施教”的目的。就设计思维而言，室内设计学科处于工科与艺术类学科的边缘处，单一的思维模型很难满足复杂功能与审美的需求，从而导致了学生在进入室内设计专业时，普遍存在形象思维能力较弱的情况，因此，在进入室内设计创作之前，系统地分析构成室内设计思维方法的特征是十分有必要的。

（1）综合多元的思维渠道

抽象思维着重于表现理性的逻辑推理，称为理性思维；形象思维着重于表现感性的形象推敲，称为感性思维。理性思维是一种呈线形的思维模式，是一环扣一环的推导过程。当大脑中出现一个概念，且有充足的理论以证明它是成立的，此时就要收集不同的信息来证明，通过客观的外部研究过程得出一个阶段的结论，然后按照一定的方向进入下一步的论证，以此类推，循序渐进，直到最后的结果。而感性思维则是一种呈树形的思维模式，当面前面对一个题目时，大脑中立刻产生出三个甚至更多的概念，这些概念可能是完全不同形态，并且每种概念都有发展的希望，此时，我们就要从中选出一种符合需要的再发展出三个以上的新的概念，如此举一反三地渐渐深化，直到出现满意的结果。经过对比，我们可以分析出，理性思维与感性思维的区别，理性思维是从点到点的空间模型，方向性极其明确，目标也十分明显，由此得出的结论往往具有真理性。使用理性思维进行的科学研究项目最后的正确答案只有一个。而感性思维是从一点到多点的空间模型，方向性不明确，目标具有多样性，而且每一个目标都有成立的可能，结果十分含混。使用感性思维进行的艺术创作，其优秀的标准是多元化的。

室内设计属于边缘性的学科，就空间艺术本身而言，感性的形象思维占主导地位。但相关的功能技术性的知识，则需要逻辑性强的理性抽象思维。因此进行一项室内设计，丰富的形象思维和缜密的抽象逻辑思维必须兼而有之、相互融合，才能达到“山重水复疑无路，柳暗花明又一村”的艺术效果。

（2）图形分析的思维方式

对形象敏锐的观察和感受是每一个设计师进行设计思维必须具备的基本素质。这种素质的培养主要依靠设计师对科学的图形所进行的空间想象，最终达到的舒适的视觉效果。所谓图形分析思维方式，主要是指借助于各种工具绘制不同类型的形象图形，并对其进行设计分析的思维过程。就室内设计的整个过程来讲，每个阶段几乎都离不开绘图。设计阶段构思草图包括室内空间的透视与立面图、功能分析图；方案设计阶段的图纸包括室内平面与立面图、空间透视与轴测图；施工图设计阶段的图纸包括装修的剖立面图、表现构造的节点详图等。在室内设计表达的类型中，图形以其直观的视觉物质表象传递功能，排在所有信息传递工具的首位。

无论在设计的什么阶段，设计师都要习惯于用笔将自己一闪即逝的想法落实于纸面上，而在不断的图形绘制过程当中，又会产生新的灵感。毕加索曾经说过“艺术家是一种容器，吸纳这个地方、这片天空、这篇土壤的各种感情，来自一张废纸，一个掠过的影子，一处织网的情感。”记录自己的设计灵感，是一种大脑思维外延化的外在延伸，是一种辅助思维形式，收获的整片天空（优秀的设计）往往就诞生在看似纷乱的草图当中。在北京，第29届奥运会的主会场鸟巢的雏形就是著名设计师安德鲁在草纸上不断地勾画，创作而成的。在设计领域，图形是专业沟通的最佳方式。图形分析思维方式主要通过三种绘图形式实现：徒手画（速写、拷贝描图）空间草图；正投影制图（平面图、立面图、剖面图、细部节点详图）；三维空间透视图（一点透视图、两点透视图、三点透视图、轴测透视图）等。

对于室内设计来讲，图形思维是一个由大到小、由整到分、由粗到细的过程，在完成了空间整体功能与形象的图形评价比较之后，接着进行空间界面、构造细部、材料做法的粗细推敲。同样要多做方案，以期达到最佳效果。

（3）对比优选的思维方式

设计的过程中，每个人对同一个项目会蹦出多个设计方案，有时它们会大相径庭，有时它们还会出现一定的交叉点，这时你会苦恼自己到底该选哪一种方案，该在哪种方案的基础上加以改进。因此，学会在多个方案中对比、提炼、优化就显得至关重要。

选择是对纷杂事物的提炼优化，合理的选择是创意成功的关键。就室内设计而言，选择的思维过程体现于对多元图形的对比、优选，可以说对比优选的思维过程是建立在综合多元的思维渠道以及图形分析的思维之上的。没有前者作为对比的基础，后者选择的结果也不可能达到最优。在概念设计阶段，通过对多个具象图形空间形象的对比优化来决定设计发展的方向，通过抽象几何线平面图形的对比，优化决定设计的使用功能。在方案设计阶段，通过绘制不同的平面图对比优化决定最佳的功能分区。通过不同的空间透视构图对比优化决定最终的空间形象。在施工图设计阶段，通过对不同材料构造的对比优选，决定合适的搭配比例与结构，通过对比不同的比例节点详图，决定适宜的材料、截面尺度。

对比优选的思维过程依赖于图形绘制信息的反馈，一个概念或是一个方案，必须要反复推敲、反复地对比优化。因此，作为设计者在构思阶段不要在一张图纸上反复涂改，而要学会使用半透明的拷贝纸，不停地拷贝修改自己的想法，做到每一个想法都切实地落实到纸上，不要扔掉任何一张看似凌乱的草图。积累、对比、优选，好的方案就可能产生了。

1.9 室内设计的程序步骤

室内设计根据设计的进程，通常可以分为四个阶段，即设计准备阶段、方案设计阶段、施工图设计阶段和设计实施阶段。

1.9.1 设计准备阶段

设计准备阶段最主要的是制定设计任务书，接受委托任务书，签订合同，或者根据标书要求参加项目投标。所谓设计任务书就是在开始项目之前决定设计的方向。这个方向要包括室内空间的物质功能和精神审美两个方面。设计任务书在表现形式上有意向协议、招标文件、正式合同等。不管表面形式如何多变，其实质内容都是相同的。通俗说设计任务书就是制约委任方（甲方）和设计方（乙方）的具有法律效益的文件。只有共同严格遵守设计任务书规定的条款才能保证工程项目的实施。

在现阶段设计任务书的制定应该以委托方（甲方）为主。设计方（乙方）应以对项目负责的精神提出建设性的意见供甲方参考。一般来说，设计任务书的制定在形式上表现为以下四种：

① 按照委托方（甲方）的要求制定；

② 按照等级档次的要求制定；

③ 按照工程投资额的限定要求制定；

④ 按照空间使用要求制定。

现阶段的设计任务书往往以合同文本的附件形式出现。应包括以下主要内容：

① 工程项目地点；

② 工程项目在建筑中的位置；

③ 工程项目的设计范围与内容；

④ 不同功能空间的平面区域划分；

⑤ 艺术风格的发展方向；

⑥ 设计进度与图纸类型。

在制定好设计任务书后，设计者还要接受委托设计书，签订合同，或者根据标书进行投标；明确设计任务书的设计任务和要求，如室内设计任务的使用性质、功能特点、设计规模、等级标准、总造价，根据任务书的使用性质所需创造的室内环境氛围、文化内涵或艺术风格等；熟悉设计有关的规范和定额标准，收集分析必要的资料和信息，包括对现场的调查，测绘关键性部位的尺寸，细心地揣摩相关的细节处理手法；调查同类室内空间的使用情况，找出功能上存在的问题。

在签订合同或制定投标文件时，要注明设计的进度安排，设计费率标准，即室内设计收取业主设计费占室内装饰总投入资金的百分比（一般由设计单位根据任务的性质、要求、设计复杂程度和工作量，提出收取设计费率，通常为4%～8%，最终与业主商议确定）；收取设计费，也有按工程量来算的，即按每平方米收多少设计费，再乘以总计工程的平方米来计算。

1.9.2 方案设计阶段

方案设计阶段是在设计准备阶段的基础上，进一步收集、分析、运用与设计任务有关的资料与信息，构思立意，进行初步方案设计、深入设计，进行方案的分析与比较。

确立初步设计方案，提供设计文件。室内初步设计的文件通常包括：

① 平面图（包括家具布置），通常比例1：50，1：100；

② 室内立面展开图，通常比例1：20，1：50；

③ 平顶图或仰视图（包括天花、灯具、风口等布置），常用比例1：50，1：100；

④ 室内透视图（彩色效果）；

⑤ 室内装饰材料实样版面（墙纸、地毯、窗帘、室内纺织面料、墙地面砖及石材、木材等均用实样，家具、灯具、设备等实物照片）；

⑥ 设计意图说明和造价概算。

初步设计方案需经审定后，方可进行施工图设计。

1.9.3 施工图设计阶段

经过初步设计阶段的反复推敲，当设计方案完全确定下来以后，准确无误的实施就主要依靠于施工图阶段的深化设计。施工图设计需要把握的重点主要集中表现在以下四个方面：

① 不同材料类型的使用特征，切实掌握装饰材料的特性、规格尺寸、最佳表现方式。

② 材料连接方式的构造特征。

③ 环境系统设备与空间构图的有机结合（设备管线图）：环境系统设备构件如灯具样式、空调风口、暖气造型、管道走向等。

④ 界面与材料过渡的处理方式。

1.9.4 设计实施阶段

设计实施阶段即工程施工阶段。室内工程在施工前，设计人员就应向施工单位进行设计意图说明及图纸的技术交底；工程施工期间，设计人员需按图纸要求核对施工实际情况，有时还需根据现场的施工情况对图纸进行局部的修改和补充（由设计单位出具修改通知书）；施工结束后，同质检部门和建设单位进行公程验收。

为使设计达到预期的效果，设计人员必须抓好设计各阶段的环节，充分重视设计、施工、材料、设备等各方面，并熟悉、重视与原建筑物的建筑设计、设施设计（水、电、暖等设备工程）设计的衔接，同时协调好与建设单位和施工单位之间的相互关系，在设计意图和公司方面达成一致，以期取得理想的设计工程成果。

第2章 室内造型设计

2.1 室内造型的设计理论

格式塔心理学认为视知觉是心理学和艺术设计学共同的研究对象。它以理论依据，阐明了视知觉认识的特征和规律，从人类最为直接的视知觉反应来阐述艺术设计的方法，重点放在了分析和研究图形形式的创造上面。艺术设计师应该从视知觉的特征中寻找一些艺术设计的突破口，通过了解视知觉的形成过程，探讨大脑对视觉所传送信息的处理和理解方式，把艺术设计改进得更符合人的生理和心理需求。在今天信息化高度发达的社会，人们需要更为有效地选择吸收有用的信息，因此对图形的要求也就越来越高。

格式塔心理学认为，任何“形”都是经验中的一种组织或结构，而且与视知觉活动密不可分，它把观赏者对“形”的知觉组织也纳入“形”的整体研究，这样就成了设计师与观赏者共同创造的东西，是主观存在的。格式塔心理学这一概念的提出，突破了传统心理学中知觉与思维之间不可逾越的界，同时也为设计实践活动提供了一个新的研究领域。

格式塔心理学是西方现代心理学的主要流派之一，也称为完形心理学。认为人们现象的经验是整体的或完形的（格式塔），在观察现象的经验时要保持现象的本来面目，不能将它分析为感觉元素。

当客观外界的某一事物呈现在我们感官面前时，内心会有一个格式塔与之对应，当内心的格式塔与客观事物不相符时，格式塔就出现“缺陷”，此时人的内心就表现出弥补自身缺陷的活动倾向，活动的结果使格式塔本身达到完善化或形成良好的“完形”。

埃伦菲尔斯提出了格式塔心理学的基本观点：整体不等于部分相加之和，整体是由部分组成，但先于部分，部分不能决定整体。这一理论观点成为格式塔心理学美学理论基点之一。

知觉是以感觉为基础，但绝不是感觉的简单相加，而是对大量感觉信息进行综合加工后形成的有机整体。

正如阿恩海姆指出的：“被称为‘思维’的认识活动并不是那些比知觉更高级的其他心理能力的特权，而是知觉本身的基本构成成分。”阿恩海姆揭示出这样一个事实：视觉不仅仅是一种观看活动，它更是一个理性思维的过程。为此，阿恩海姆提出了一个颠覆传统哲学和一般心理学的概念：视觉思维。他指出：知觉，尤其是视知觉，具有思维的一切本领，视觉活动完完全全是一种积极的活动，它不仅具有选择性，还具有完形性、持久性，能够把对象简化、组合、抽象、分离。

视觉器官不是为了认识而存在的，而是为了生存进化来的，这种进化的结果，导致了视觉在认识事物时具有特殊的思维倾向，视觉活动是一种人类精神的创造性活动。

格式塔心理学对“形”的研究结果表明我们每个人对“形”都具有一种与生俱来的组织能力，然而不同的“形”由于它的大小、方向、位置等发生变化，就会有不同的组织水平并伴随着不同感受，这种感受是大脑皮层对外界刺激进行积极组织的结果。

格式塔学派通过大量实验研究提出多项知觉组织原则，在考夫卡看来，每一个人，包括儿童和未开化的人，都是依照这些知觉组织原则来观察事物的，这些组织原则包括：知觉的完形性原则、相近性原则、类似性原则、恒常性原则等。

格式塔理论的确立让我们能从一个全新的角度即知觉心理与视觉思维入手来研究艺术设计。

2.2 完形原则在室内设计中的应用实例

依据格式塔理论，一个简单而规则的图形可使视觉产生舒适感，易于理解，在人们的常规思维习惯中认为，那些在特定条件下视觉刺激物被组织的最简洁、最规则、最协调的格式塔带给人的心理感觉是好的，心理学家们称这种格式塔为pregnant，意即“简约合宜”，我们也可以称之为“好的格式塔”；而一个不规则、不完美的格式塔由于违反人们常规的视觉习惯，会使人反感、排斥。

阿恩海姆曾指出：在视知觉中，一旦达到了对某一范式的最简单的理解，它就会显得更稳定，具有更多的意义，更容易掌握。实际上，人眼的这种对图形知觉特征简化的倾向，用“知觉范畴模式”解释，就是人眼所感受到的形式的刺激模式越简单，知觉到的可能性就越大、越快，理解也越容易。因此，我们可以得出结论，具有鲜明特征的事物往往更加符合视知觉简化性的倾向，当这样的事物呈现在眼前时，人们会感到舒服与平静，它绝不会使视知觉活动受阻，也不会有任何紧张和憋闷的感受（图2-1、图2-2）。

2.3 室内空间造型设计

2.3.1 室内空间的概念

建筑的意义或价值就整体而论，体现在两个方面：一是它的形体，它使建筑语言获得了丰富的物质实在性；二是由实体构成的空间，它使建筑的本质属性得以呈现。人们建造建筑的目的，最初不是为了别的，正是为了获得空间。因为形体（构成形式的实体）可以是任何一种形态，一个实心的构筑物同样具有形式上的意义，比如：方尖碑、记功柱、金字塔等，但它不是建筑学所追求的真正意义，因为它只是占有空间，而不能产生空间。老子早在几千年前就揭示了建筑的“实体 ”与“ 虚空 ”、人造的“物”与“用”之间的辩证关系。“凿户牖以为室，当其无，有室之用”。人类劳动的显著特点，是不但能适应环境，而且能改造环境，创建能够适应人类居住的人工环境。从原始人类的穴居到发展到今天的具有完善设施的室内空间，是人类对自然环境进行长期改造的结果。室内设计是反映人类物质生活和精神生活的一面镜子，是生活创造的舞台。人对室内环境的要求总是随时代的变化、个人行为的要求发生改变，他们会按照自己的生活所需、愿望进行改造和调整，但现实往往很难满足人们的要求。正是由于人们对室内空间的不满足，人类才不断改善和现实生活紧密相连的室内环境，使得室内空间的发展永无止境。

对室内设计而言，内与外、人工与自然、外部空间与内部空间的紧密相连和合乎逻辑的内涵，是室内设计的基本出发点，也是室内外空间相互间交替、渗透、更替产生的基础，同时，室内空间既分割又联系的多类型、多层次的设计手法，满足了人们在不同条件下对空间环境的不同需求。

室内空间是人类劳动的产物，是相对于自然空间而言的，是人类有序的生活组织所需要的物质产品。人对空间的需要，是一个从低级到高级，从满足生活上的物质要求，到满足精神需求的发展过程。但是，归根结底，无论为满足物质上还是精神上的需要，都要受当时社会生产力、科学技术水平和经济文化等方面的制约。人们的需要是随着社会发展不断提出的，空间随着时间的变化也相应地发生改变，这是一个相互影响、相互联系的动态过程。因此，室内设计的内涵、概念也不是一成不变的，而是在不断地补充、创新和完善。

室内是唯一人可以自由出入的空间，同时也能被人真实感受的空间。对于一个具有地面、顶盖、东西南北四个界面的六面体房间来说，室内外的空间区别很容易，但对于不具备六面体的围合空间来说，很难在性质上加以区别。在现实生活中，简单的独柱伞罩，已具备了最基本的原始功能（如站台、沿街的敞篷摊位）。而只有地面、东西南北四个界面的空间来说，我们只能称它为“院子”或“天井”。因此，有无顶盖是区别内、外空间的主要标志。

2.3.2 室内空间的特性

时间和空间是事物固有的存在形式，是一个不可分割的整体。“空间”既是建筑学所关心的一个带有根本性的问题，也是哲学所关心的一个有关物质存在形式的基本范畴。两者所处的角度不同，对同一个问题也有不同的表述。建筑学对空间的认识是从具体的、生动的感性直观来分析问题。哲学则从事物普遍的、一般的规定性出发，得出的结论带有根本性。建筑作为一种物质形态不可能摆脱哲学对它的概括。因此，在说明空间的基本特性时，必须从哲学的高度对其进行阐述，以避免因具体事物的纷然陈杂使概念产生偏颇。

“ 空间”指的是物质形态之间的外部联系，它首先表现为物质形态的并存秩序。人类从室外的自然空间进入室内的人工空间，处于相对的不同环境。室外是个无限的自然空间，室内是有限的人工空间，而真是这种人工环境，造成室内围护空间无论大小都有约束性，因此，生活在有限的室内空间中，对人的视距、视角、方位等方面有一定限制。室内外光线在性质上、照度上也很不一样。室外是直射阳光，物体具有较强的明暗对比，室内除部分是受直射阳光照射外，大部分是受反射光和漫射光照射，明暗对比较弱，光线远比室外要弱得多。因此，同样一个物体，如室外的柱子，受到光影明暗的变化，显得小；室内柱子因在漫射光的作用下，没有强烈的明暗变化，显得大一点；室外的色彩显得鲜明，室内的显得灰暗。这对考虑物体的尺度、色彩是很重要的。

室内是与人接触最密切的空间环境，室内空间周围存在的一切与人息息相关。因此室内一切物体对材料在视觉上和质感上比室外有更强的敏感性。由室内空间采光、照明、色彩、装修、家具、陈设等多因素综合造成的室内空间形象在人的心理上产生比室外空间更强的承受力和感受力，从而影响到人的生理、精神状态。室内空间的工性、局限性、隔离性、封闭性、贴近性，被称为人的“第二层皮肤”。

现代室内空间环境，对人的生活思想、行为、知觉等方面都会带来一定变化，应该说是一种合乎发展规律的进步现象。但同时也带来不少的问题，主要由于现在室内装饰与自然的隔绝、脱离日趋严重，从而使现代人体能下降。因此，有人提出回归自然的主张，怀念日出而作、日落而息的与自然共呼吸的生活方式，在当代得到了很大的反响。虽然历史是不会倒退的，但人和自然的关系是可以调整的，尽管这是一个全球性的系统工程，但也应从各行各业做起。对室内设计来说，应尽可能扩大室外活动空间，利用自然采光、自然能源、自然材料，重视室内绿化，合理利用地下空间等，创造可持续发展的室内空间环境，保障人和自然协调发展。

2.3.3 室内空间功能

空间的功能包括物质功能和精神功能。物质功能包括使用上的要求，如空间的面积、大小、形状，适合的家具、设备布置，使用方便，节约空间，交通组织、疏散、消防、安全等措施以及科学地创造良好的采光、照明、通风、隔声、隔热等的物理环境等。现代电子工业的发展，新技术设施的引进和利用，对建筑使用提出了相应的要求和改革，其物质功能的重要性、复杂性是不言而喻的。

如对住宅进行空间设计时，要在满足一切基本的物质需要后，尽可能地应考虑符合业主的经济条件，同时要充分考虑在维修、保养或修理等方面开支的限度，提供安全设备和安全感，并在家庭生活期间发生变化时，有一定的灵活性等。

精神功能是在满足物质功能需求的基础上，从人的文化、心理需求出发，如人的不同的爱好、愿望、意志、审美情趣、民族文化、民族象征、民族风格等，并能充分体现在空间形式的处理和空间形象的塑造上，使人们获得精神上的满足和美的享受。

关于个人的心理需要，如对喜好、社会地位、职业、教育层次等方面的考虑，要相对个人理想目标的追求等提出的要求考虑。心理需要还可以通过对人们行为模式的分析去了解。

而对于建筑空间形象的美感问题，由于审美观念的差别，往往难于一致，而且审美观念就每个人来说也是发展变化的，要确立统一的标准是困难的，但这并不能否定建筑形象美的一般规律。

2.3.4 室内空间组合

随着社会的发展，人口的增长，可利用的空间是一种趋于相对减少的量，空间的价值观念将随着时间的推移而日趋提高，因此如何充分地、合理地利用和组织空间，就成为一个更为突出的问题。我们应该把没有必要的物质功能和精神功能价值的空间称为多余的浪费空间，没有修饰的空间（除非用作储藏）是不适用的、浪费的空间。合理地利用空间，不仅反映在对内部空间的巧妙组织，而且在空间的大小、形状的变化，整体与局部之间的有机联系，在功能和美学上达到协调和统一。

室内空间组合首先应该根据物质功能和精神功能的要求进行创造性地构思，一个好的方案总是根据当时当地的环境，结合建筑功能要求进行整体筹划，分析矛盾主次，抓住问题关键，内外兼顾，从单个空间的设计到群体空间的序列组织，由外到内，由内到外，反复推敲，使室内空间组织达到科学性、经济性、艺术性、理性与感性的完美结合，做出有特色、有个性的空间组合。组织空间离不开结构方案的选择和具体布置，结构布局的简洁性和合理性与空间组织的多样性和艺术性，应该很好地结合起来。经验证明，在考虑空间组织的同时应该考虑室内家具等的布置要求以及结构布置对空间产生的影响，否则会带来不可弥补的先天性缺陷。

例如，美国建筑师雅各布森的住宅，巧妙地利用不等坡斜屋面，恰如其分地组织了需要不同层高和大小的房间，使之各得其所。其中起居室空间虽大但因高度不同的变化而显得很有节制，空间也更生动。书房学习室适合于较小的空间而更具有亲切、宁静的气氛。整个空间布局从大、高、开敞至小、亲切、封闭，十分紧凑而活泼，并尽可能地直接和间接接纳自然光线，以便使冬季的黑暗减至最小。日本丹下健三设计的日南文化中心（图2-3），大小空间布置得体，各部分空间得到充分利用，是公共建筑采用斜屋面的成功例子。英国法兰巴思聋哑学校采用八角形的标准教室，这种多边形平面形式有助于分散干扰回声和扩散声，从而为聋哑学校教室提供最静的声背景，空间组合封闭和开敞相结合，别具一格。每个教室内有8个马蹄形布置的课桌，与室内空间形式十分协调，该教室地面和顶棚还设有感应图，以增强每个学生助听器的放大声。

在空间的功能设计中，还有一个值得重视的问题，就是对储藏空间的处理。储藏空间在每类建筑中是必不可少的，在居住建筑中尤其显得重要。如果不妥善处理，常会引起侵占其他空间或造成室内空间的杂乱。包括储藏空间在内的家具布置和室内空间的统一，是现代住宅设计的主要特点，一般常采用下列几种方式：

（1）嵌入式（或称壁完式）

它的特点是贮存空间与结构结成整体，充分保持室内空间面积的完整性，可用性的空间形式，以及利用窗子上下部空间来布置橱柜（图2-4）。

（2）壁式橱柜

它占有一面或多面的完整墙面而保持完整统一（图2-5）。

（3）悬挂式

作成固定式或活动式组合柜，有时作为房间的整片分隔墙柜这种“占天不占地”的方式可以单独，也可以和其他家具组合成富有虚实、凹凸、线面纵横等生动的储藏空间，在居住建筑中应用广泛。这种方式应高度适当，构造牢固，避免地震时落物伤人的危险（图

2-6、图2-7）。

（4）桌橱结合式

充分利用桌面剩余空间，桌子与橱柜相结合（图2-8）。

此外还有其他多功能的家具设计，如沙发床及利用家具单元作各种用途的拼装组合家具。当在考虑空间功能和组织的时候，另一个值得注意的问题是，除上述所说的有形空间外，还存在着“无形空间”或称心理空间。

这是因为，虽然每一物质形态都有自己相对稳定的形貌，呈现出某种确定的状态并与其他物质形态相区别、相分离，然而，它并不是孤立空间，只用于描述微观和宏观现象，它与建筑空间无关。建筑整体具有无限多的维度。但事实上，任何空间都不可能离开时间单独存在。没有时间因素，任何物质的运动都是不可能设想的。空间描述的是事物的并存秩序，而并存着的事物总是有距离、有间隔的。

建筑美，不论其内部或外部均可概括为形式美和意境美两个主要方面。

空间的形式美的规律如平常所说的构图原则或构图规律，如统一与变化、对比、微差、韵律、节奏、比例、尺度、均衡、重点、比拟和联想等，这无疑是在创造建筑形象美时必不可少的手段。许多不够完美的作品，总可以在这些规律中找出某些不足之处。由于人的审美观念的发展变化，这些规律也在不断得到补充、调整，以至产生新的构图规律。

但是符合形式美的空间，不一定达到意境美。正如画一幅人像，可以在技巧上达到相当高度，如比例、明暗、色彩、质感等，但如果没有表现出人的神态、风韵，还不能算作上品。因此，所谓意境美就是要表现特定场合下的特殊性格，也可称为建筑个性或建筑性格。太和殿的“威严”，朗香教堂的“神秘”，意大利佛罗伦萨大看台的“力量”，流水别墅的“幽雅”都表现出建筑的性格特点，达到了具有感染强烈的意境效果，是空间艺术表现的典范。由此可见，形式美只能解决一般问题，意境美才能解决特殊问题；形式美只涉及问题的表象，意境美才深入到问题的本质；形式美只抓住了人的视觉，意境美才抓住了人的心灵。掌握建筑的性格特点和设计的主题思想，通过室内的一切条件，如室内空间、色彩、照明、家具陈设、绿化等，去创造具有一定气氛、情调、神韵、气势的意境美，是室内建筑形象创作的主要任务。

在创造意境美时，还应注意时代的、民族的、地方风格的表现，对住宅来说还应注意住户个人风格的表现。意境创造要抓住人的心灵，就首先要了解和掌握人的心理状态和心理活动规律行为模式，来分析人的不同的心理特点。

第3章 室内采光与照明

3.1 采光照明的基本概念

人对室内空间色彩、质感、空间、构造细节的感受，主要依赖于视觉来完成。如果离开光，一切都无从说起。就人的视觉来说，没有光也就等于没有一切。在室内设计中，光不仅能满足人们视觉功能的需要，而且还可以给居住者以美的享受。光能直接影响到人对物体大小、形状、质地和色彩的感知，它不仅能形成空间、改变空间而且还能破坏空间。因此，室内照明是室内设计的重要组成部分之一，在设计之初就应该考虑清楚室内设计照明使用和审美需求。

人在不同照度条件下，具有不同的视觉能力，人的视觉器官不仅能反映光的强度（具有光亮感），而且能反映光波长的特点（具有颜色感）。由于光辐射（或反射），人们能够感觉客观事物的各种不同色彩，从而从外界事物获取信息，产生多种作用和效果。光辐射不仅在人们生活中，而且在环境照明中也具有重要的意义。

环境照明设计的任务，在于借助光（包括天然的光和人工的光）的性质和特点，使用不同的光源和照明器具及照明方式，在特有的空间中，有意识地创造环境气氛和意境，增加环境的艺术性，使环境更加符合人们的心理和生理要求。光对人们的精神状态和心理感受产生积极的影响。

在现代照明设计中，照明还具有装饰空间的作用。一方面创造环境空间的形和色，并使之融为一体，借助于各种光效应而产生美的韵律；另一方面，通过灯具的造型及排列、配置，改善空间比例，对空间起着点缀和强化艺术效果的作用，体现了光的装饰表现力（图3-1）。

3.2 室内照明的基本要求

3.2.1 照度与视度

为保持室内环境具有充足的亮度，使人的眼睛能够舒适清晰地看清室内的东西，就必须保证室内空间照明有足够的亮度。在物理学中，把投射在物体表面光强度称为该物体所接受的照度，物理单位为勒克斯（lx）。室内某一点上的照度决定于所用灯具的光功率和灯具与物体之间的相对位置，用公式表示为：光功率。照度＝(距离) 2×cos α（α为光线与法线的夹角)。通过研究这个公式，可以发现，光源与物体之间的距离是影响物体表面照度的主要因素。而要在一定的环境下看清物体，必须要达到相应的照度，这是室内照明设计的最基本的要求。

为使设计者在进行不同室内环境的照明设计有相应的参照标准，各个国家都分别规定了不同的照度标准，作为设计时进行的参照标准。

人的眼睛对光线的吸收是有限度的，良好的室内环境，不仅取决于充足的光照条件，还取决于以下几个方面：物件及环境的亮度；物体与背景间的亮度对比；环境中亮度的均匀程度；眩光程度。

人们根据不同的照明需求，以不同的方式来衡量照明的质量，来评价室内照明的适宜程度。人们根据自己眼睛来观察事物的清晰度衡量室内光照条件的优劣，并把这种清晰度称为视度。

3.2.2 物体及环境的亮度

在同一个室内环境下，同一位置上，我们拿一个白色的球和一个黑色的球观察，我们会发现白色球比黑色球要亮的多，这说明发光能力或反光能力较强的物体有较大的亮度。在眼睛的生理调节允许的范围内，物体的亮度越大，它的视度也越大，但当物体的亮度超过一定限度时，他会破坏眼睛的视觉。正午当我们抬头看太阳时，太阳那个光的亮度超过我们眼睛所能承受的限度，此时，我们就会觉得眼前发晕，这种情况就是眩光。物体亮度一方面取决于物体反射光线的能力，另一方面取决于物体所能接受的光线强弱。在室内环境设计中，各种物品都不是固定不变的，室内光学设计是通过充分考虑光源的功率及布置来达到控制室内环境质量的目的。

3.2.3 物体与背景间的亮度变化

室内设计师一般都有美术功底，也都有一定的素描和色彩功底，我们在进行素描静物和色彩景物写生的时候，都清楚地知道，物体主要是靠与后面衬布有一定的明度、冷暖等对比出来的，只有两者在亮度或色彩上存在差异时，人的眼睛才能将他们分辨出来。室内环境设计亦是如此。任何物体都依赖与其背景之间的对比而显现出来的。物体与背景间对比越大，人眼的这种分辨能力也越强。降低物象与背景之间的亮度对比，人眼的分辨能力就弱了，要想使眼睛达到同样的分辨力，就得增加物体表面的强度。若对比与减少到原来的二分之一，其照度需增加到原来的8倍以上才可以，才能有同样的分辨力。

3.2.4 环境亮度的均匀程度

从太阳底下走进一个黑屋子里，我们要经过很长的时间才能看清周围的东西，同样，从黑屋子里走到太阳底下，也需要经过一段时间才不再感到光线刺目，这说明人的眼睛需要调节才能适应不同亮度的环境。在一个空间中亮度的差异太大，眼睛就会被迫作频繁调节，在这种情况下，极易造成视觉疲劳。所以，要根据不同的照明要求，选择与环境相一致的灯具，力求达到室内空间照明的最佳效果。

3.2.5 眩光的程度

视野中的物体亮度过高，或者与背景之间的亮度对比过大，就会产生刺目的感觉，这种情况称为眩光。夜晚开着车灯行驶，车灯的光线会非常刺眼，而在白天，车灯的光线就会非常微弱。控制物体表面的亮度是消除眩光的根本途径。如选择表面亮度较低的灯具，或利用光学材料来扩大光源的表面积，从而达到降低表面亮度的目的。以下是部分光源的亮度值：太阳：1.5×10^3 cd/m^2；日光灯：（5～10）cd/m^2；月光（满月）：2.5 cd/m^2；黑白电视机荧光屏：120cd/m^2；彩色电视机荧光屏：80cd/m^2。在一般民用建筑中，轻微的眩光不会造成太大妨碍。但某些特殊的建筑物中眩光却必须予以消除，如展览馆、博物馆等，如果在这种场合光线太强，就会产生眩光，人们就很难看清展览物品或文物。另外，改变光线的传播方式，使光线不直接射入人的眼睛，也能够达到消除眩光的目的。同一光源的眩光程度与光源和眼睛间的夹角有关，在一定的角度范围中，一般不会出现眩光。

3.3 住宅室内人工照明

照明光源有两种形式，一是自然光，即日光；二是人工照明。人工照明是根据室内空间使用机能和装饰机能，选择照明方式、灯光亮度、灯具类型、确定照明标准。

1. 人工照明的形式

（1）直接照明：90%的光线往下照。

（2）半直接照明：60%～90%的光线往下照。

（3）扩散照明：40%～60%的光线扩散下来，其余向上照（如乳白色散光灯罩）。

（4）间接照明：90%～100%的光线往后或由侧方向反射照出。

（5）半间接照明：60%～90%的光线往后反射，40%～100%的光线直接照出（利用反射折射器、挡光板、扩散材料）。

2. 各式照明的优劣

（1）直接照明：光量大，但眩光大，光质不佳。

（2）扩散照明：光质较佳，无眩光，但气氛与光量不足。

（3）间接照明：气氛较佳，但光量不足。

3. 人工照明在空间中的使用

由于灯具是一种可以经常更换的消耗品和装饰品，因此它的美学性近乎于日常日用品和服饰，具有流行性和变换性。由于它的构成简单，显得更利于创新和突破。只有不断地变化和更新，才能不断满足人们的需求。

（1）公共办公室、工作间、书房、厨房等，要以直接及扩散照明为主辅。

（2）展示空间多以直接照明强调效果，间接照明强调气氛。

（3）一般家庭式室内空间：

① 卧房：全面扩散照明为主，直接及间接照明为辅。若要加重气氛，以间接采光及局部受光为主。

② 餐厅：多采用半直接照明或扩散照明，也可利用假梁等内藏灯光形成间接照明。

③ 音乐室、小客厅：多强调气氛，以半间接照明为主。

④ 楼梯间：灯具外形美观，用局部性扩散照明，否则，用间接或直接性局部照明。

⑤ 儿童房间：多利用全面性散光照明。

（4）公共场所大厅多以局部直接照明为主。

3.4 灯具的种类及使用安装方式

室内环境中照明灯具的布置应当均匀合理，并在此基础上通过局部增设的灯具来达到突出重点的目的。因此，灯具的布置过程就要包括整体上考虑和局部上调整两个阶段。整体上的考虑，就是使室内空间中的照度均匀分布。此时，设计者应当充分考虑灯具设置的高度、灯具的间隔、光线照射的方式（图3-1、图3-2）。

（1）按光源划分有下列几种：

① 烛光灯：光源温和优美，目前有造型很美的烛具及烛盘，光源不足，照度不稳定，有眩光感，燃放二氧化碳，使用时间长了，使用者会感到不适。

② 白炽灯：指一般灯泡，光源稳定，灯光柔和，光量足，灯具美观，能瞬间开启，散发热量太大，夏天不宜使用，耗电量大。

③ 荧光灯：指一般日光灯光源，较省电、实用，散热不多。但感觉较清冷，按下开关要等一两秒钟才亮。目前，有专利发明瞬间即亮灯，可弥补其不足。

④ 流星管灯：灯泡放于玻璃管内成线状，可用于讲究气氛的场所。

⑤ 水银灯：色冷，除青绿色的披照物体之外，都失去原有的色彩。室内少用，庭院使用。

（2）按使用功能划分有下列几种：

① 一般照明灯；②防水照明灯；③防热照明灯；④防爆照明灯；⑤防盗用灯；⑥高效率灯具（寿命长）；⑦水中专用灯；⑧防虫用灯（捕虫灯）。

（3）按设计方式划分有下列3种：

① 露明式；②隐藏式；③半隐藏式。

（4）按功能划分有下列几种：

① 机能性应用灯具：视机能设计需求，分为全盘照明、局部照明和两种互用。

② 装饰性照明灯：以创造视觉感观及美观装饰效果为主。

（5）按形态划分有下列几种：

① 吸顶灯：直接固定在天花板上，灯具露在天花板下。

② 嵌灯：灯的大部分嵌入天花板内，有全嵌式、半嵌式及鱼眼灯（天花板及壁板内皆可使用）。

③ 吊灯：自天花板垂吊下来，可分为固定式和伸缩式。

④ 投射灯：向某一方向投射的聚光灯，一般可分为自转、本身固定、按轨道移动3种。

⑤ 立灯：放在地面上的灯具。

⑥ 桌灯：放在柜子、桌面、床头橱上。

⑦ 夹式工作灯：可夹在工作台、桌面上。

⑧ 壁灯：固定在墙面上。

⑨ 流星灯：垂直安排。

⑩ 舞台用灯：舞台表演的专用灯具。

（6）照明设计应注意的事项

① 按使用机能不同给予适当的照度，但又不会感觉太热。一般照度在2000 lx以上便会感到不舒适。

② 自然光比人工采光自然舒适，又可节省能源，因此，设计人工采光时应尽量采用大窗。

③ 尽量使用均匀分布照度（特别效果的设计除外），使明暗相差不大，减少眼睛疲劳，要十分注意物质的反射率。

④ 避免过分刺激眼睛的眩光，可利用遮光板罩减少眩光。一般光线照在光滑易于反射的面上（不锈钢板、镜面、金箔壁纸、玻璃、铜板等），造成的反射光及反射角大于45°时，都会造成眩光。

⑤ 按实用机能选择灯具，多使用省电、热量低的日光灯。

⑥ 注意光源的热量分布及散热问题。

⑦ 注重整体照明设计，整体照明与局部照明要分配得当。若有宾客来访可用客厅主灯，具有照明及装饰作用。若是休息、看电视、看报纸，开日光灯较省电、舒适。另外，茶几上的台灯、天花板上的筒灯、小壁灯，都容易形成一定的气氛。

⑧ 注重照明造成的阴影变化，促进空间的气氛。

⑨ 选择灯具的造型及适当的布置，利用露明、隐藏及半隐藏3种方式体上看要协调、平衡，并利用灯具造型美化空间，变成一种装饰。

⑩ 注意灯具的高度，避免头碰到灯具或小孩可能碰撞的地方。

⑪ 灯具与其他功能设备共同组合使用，减少天花板、壁面过多的开口，或不必要的空洞。如利用灯具与抽风机、暖气机共同组合，用于浴室可不必装在抽风机上。亦可利用灯具与钟表或装饰画共同组合，不仅实用，还增添气氛。

3.5 建筑照明设计

在室内照明灯具设计中，照明灯具要按实际需要配置，注意灯具的美观、整体设计的协调灯光的光影、灯具的形影效果。室内照明设计还应该充分考虑光源的布置与建筑的结合，这样不但有利于利用顶面结构和装饰顶棚之间的巨大空间，巧妙地隐藏管线和设备，还可使建筑照明成为整个室内装修的有机组成部分，达到室内空间完整统一的效果。下列几种组配方式，可供使用：

① 天花板与吊灯单独使用；

② 天花板吊灯与日光灯配合使用；

③ 吊灯加日光灯，加筒灯或投射灯；

④ 吸顶灯加日光灯，加筒灯或投射灯；

⑤ 天花板无主灯，加筒灯或投射灯；

⑥ 无主灯，以筒灯与投射灯交互使用；

⑦ 无主灯，用轨道灯及投射灯配合；

⑧ 无主灯，以筒灯加台灯；

⑨ 无主灯，全用稳定日光灯反射（藻井式）；

⑩ 天花板全用日光灯，而以木格分割（面光照明）；

⑪ 行列状日光灯照明；

⑫ 天花板全为日光灯加线条造型，面为露明式或透明材料斜向、折线、弧形、辐射形、四周围形等；

⑬ 变化形面的照明，有几何形、圆形、弧形、文字形、图案形、单元组合形等；

⑭ 梁式光，有露明式、隐式；

⑮ 波折式天花板漫射光方式；

⑯ 槽式照明，应设置于视线以上，若低于视线，则要注意表面材料的处理；

⑰ 开天窗照明，有平板采光板、弧形采光板、折向采光板；斜向采光板、方形槽式天窗采光等。注意采光罩应用强化玻璃、高级透光FRP、强化压克力等，注意安全、实用、美观、防水等；

⑱ 露明灯具组合；

⑲ 花檐照明；

⑳ 壁角照明；

㉑ 人工假窗，壁面利用日光灯作底，外面做成似拉开的假窗，面底板贴风景或树形画，多用于地下室、海底建筑、山洞建筑，以便减少人员久住不见阳光的压迫感；

㉒ 遮帘盒照明，利用窗帘盒内侧装置灯源，但必须注意安全距离；

㉓ 壁面遮板照明；

㉔ 壁橱遮板照明。

第4章 室内色彩与材料质地

4.1 色彩的基本概念

室内的色彩现象不是一个抽象的概念，它与室内每一物体的材料、质地等紧紧地联系在一起。一方面，室内物体的固有色和采光照明的方式决定了室内色彩的大趋向；另一方面，色彩随时间的不同而发生改变，微妙地改变着周围的景色，如在清晨、中午、傍晚、月夜时分，室内的色彩环境都会随时间的变化产生不同的变化，这些主要是因光色的不同而产生。

4.1.1 色彩的来源

光是一切物体色彩的来源，也是唯一来源，通过物理学研究，人们认识了光是一种电磁波的能量，称为光波。在光波波长380～780nm内，人可察觉到的光称为可见光。光刺激到人的视网膜时形成色觉，因此我们通常见到物体颜色，是指物体的反射不同波长的光波，被人识别为不同的颜色，没有了光也就没有颜色。物体的有色表面，反射光的某种波长可能比反射其他的波长要强得多，这个反射得最长的波长，通常称为该物体的色彩。表面的颜色主要是从入射光中减去（被吸收、透射）一些波长而产生的，因此感觉到的颜色，主要决定于物体光波反射率和光源的发射光谱。

4.1.2 色彩的属性

色彩具有三种属性，或称色彩三要素，即色相、明度和彩度，这三者在任何一个物体上是同时显示出来的，不可分离的。

（1）色相

说明色彩所呈现的相貌，如红、橙、黄、绿色，色彩之所以不同，决定于光波波长的长短，通常以循环的色相环表示。色相是色彩最基本的性质，我们用来表明不同颜色的名称，如：玫瑰红、柠檬黄、群青、湖蓝等。

（2）明度

表明色彩的明暗程度。决定于光波之波幅，波幅愈大，亮度也愈大，但和波长也有关系。通常从黑到白分成若干阶段作为衡量的尺度，接近白色的明度高，接近黑色的明度低。不同色相的色彩有不同的明度，在常见的色彩中，黄色的明度最高，而紫色的明度最低。

（3）彩度

即色彩的强弱程度，或色彩的纯净饱和程度。因此，有时也称为色彩的纯度或饱和度。它决定于所含波长的单一性还是复合性。单一波长的颜色彩度大，色彩鲜明；混入其他波长时彩度就减低。在同一色相中，把彩度最高的色称该色的纯色，色相环一般均用纯色表示。

在原色中，无论加入任何的色彩，纯度都会降低。物体表面状况会改变其他颜色的彩度。如表面粗糙的物体，漫射的光线会降低颜色的纯度。

通常我们会把颜色分为无彩色系和有彩色系。无彩色系指的是由黑色到白色和介于两者之间的灰色组成的色彩系列。无彩色系中颜色只有明度的不同，越接近白色，明度越高；越接近黑色，明度越低。而在有彩色系中的色彩要依据色相、彩度和明度来加以区别。

色彩是任何事物中都具有的现象。室内环境的各个组成要素都有自身不同的色彩，而这些色彩的总和形成室内环境的色调。酒吧设计中的色调以鲜艳为主，居室环境中色彩以平静稳重为主，因此不同的室内空间类型，需要有不同的总色调。一个特定的色调往往对应于一种特定的环境氛围，因此不同的环境色调给人以不同的感受。色调不仅仅取决于物体的颜色，还取决于这些物体的形状和质感，因此，在室内设计中我们必须将色彩设计恰当地融入到室内环境设计中。

4.2 色彩的物理、生理及心理效应

色彩是通过光的作用被人们的视觉所感知，而光又是一种能量，所以色彩也具有一定的物理性能。色彩与太阳的辐射热有密切关系。不同的色彩对太阳的辐射的反射、吸收各不相同，其热吸收率也不一样，从而产生不同的物理效应。根据色彩的物理效应，色彩设计时可利用色彩来提高环境内照明的照度及均匀度。例如，黄色、白色、淡绿色具有较高的反射系数，紫、黑色反射系数最小（图4-1）。因此，环境的色彩设计往往采用反射系数较高的色彩，以室内环境为例，使用反射系数较高的色彩，可使顶面、墙面等获取明亮的效果（图4-2）；但在特殊的室内环境，如咖啡厅等交际、休息场所，为了减弱光的照度而多采用反射系数较低的色彩，以构筑安静的环境气氛（图4-3、图4-4）。

色彩在物理性质方面所引起的视觉效果还反应在冷暖、远近、轻重、大小等方面，这不但是由于物体本身对光的吸收和反射不同的结果，而且还存在着物体间的相互作用的关系所形成的错觉，色彩的物理作用在室内设计中可以大显身手。

4.3 色彩对人的生理和心理反应

在设计中，不同的色彩带给我们不同的心理感受。

4.3.1 冷暖感

在色彩设计中，我们把不同色相的色彩分为暖色、冷色和中性色，从红紫、红、橙到黄色为暖色，其中橙色为最暖（图4-5）。从蓝紫、蓝至青绿色成为冷色，以蓝色最冷。介于两种色性间的色彩通常称为中性色（图4-6）。并且某些色性在日积月累的岁月中，人们产生了某种定性的心理定位。如红色、黄色，让人似乎看到了太阳、火炉，给人一种温暖的感觉；而绿色、蓝色，仿佛使人见到了森林、海洋，让人感觉很凉爽。但是色彩的冷暖既有绝对性，也有相对性，它们的冷暖变化是通过各种颜色之间的对比实现的，同一色系里的颜色也有冷暖的差异。

4.3.2 远近感

不同色相的色彩可以产生不同的距离感，给人的空间距离感就不同。暖的和明度高的颜色给人一种往前凸的感觉（图4-7）。而冷的和明度底的颜色给人一种往后凹的感觉（图4-8）。出现这些情况，都是色彩给人的视觉带来的一种错视。室内设计中常利用色彩的这些特点去改变空间的大小和高低。高彩度色为前进色，低彩度色为后退色。在购物环境中，其色彩尽可能采用暖性、明亮、鲜艳的色，但要注意程度及互相的协调性。在一般的室内环境设计中，顶部若使用冷色系的色，有高耸、轻快之感，使用暖色系的色有低矮、压抑之感；墙面使用暗冷色调，有深幽、宽敞之感，使用明亮暖色，有阴塞、狭窄之感。因此，正确使同色彩，可以构筑和协调室内环境的空间印象。

4.3.3 重量感

色彩重量感的产生，主要依赖于色彩的明度和彩度，明度和彩度高的颜色给人的感觉轻，反之则重。在室内设计构图中，通常利用色彩的轻重感来达到平衡和稳定的需要（图4-9、图4-10）。

4.3.4 尺度感

色彩对物体大小的感觉来源，主要包括色相和明度两个因素。暖色和明度高的色彩具有扩散作用，给人一种膨胀力，物体显得就大。而冷色和明度低的色彩具有内聚作用，给人一种收缩力，物体显得小。不同的明度和冷暖是通过对比显现出来的。在室内设计中，可以利用色彩来改变物体的尺度、体积和空间感，以最好的色彩搭配达到最完美的视觉效果（图4-11）。

4.3.5 色彩的联想和象征性

人们借助于对色感的经验与现实环境的影响，常把色彩与事物加以联系，从而形成各种心理效果，称为色的联想。联想有具体联想和抽象联想两种。色彩的联想是以现实色彩为诱导，通过对色彩的记忆，产生回忆以往色彩的感受的一种过程。例如，人们看到红色时，就会联想到火或血，看到蓝色时就会联想到水或天空。在室内环境的空间设计中，可通过对空间形体、材料、色彩、照明等处理手法、构筑客观事物的象征性、寓意性与人的表象之间联想的桥梁。特别在精神功能要求较高的空间中，运用联想这一心理活动现象，使环境形象具有引入联想的契机，对增强环境的感染力是行之有效的。

人们经常以某种色来表示某种待定的内涵，这可以认为是色彩的象征。因人们的生活经验、利害关系、由色彩引起的联想以及年龄差异、性格差异、素养高低、民族文化、生活习惯等的不同，人们对色彩会有不同的好恶。人们对色彩的心理反应因人而异，不可能达成一致。例如有人看到红色，会联想到太阳，从而感到崇敬、伟大，而有的人看到红色会联想到血，感到不安、野蛮等。有人看到黄绿色，联想到植物发芽生长，感觉到春天的来临，于是把它代表青春、活力、希望、发展、和平等。看到黑色，联想到黑夜、丧事中的黑纱，从而感到神秘、悲哀、不祥、绝望等。看到黄色，似阳光普照大地，感到明朗、活跃、兴奋。因此色相、色彩不同的心理特性常有相对性或多意性，设计师要善于运用它积极的一面，尽量避免消极的一面。人们对色彩的这种由经验感觉到主观联想，再上升到理智的判断，既有普遍性，也有特殊性；既有共性，也有个性；既有必然性，也有偶然性，虽有正确的一面，但并未被科学所证实。因此，我们在进行选择色彩作为某种象征和含义时，应该根据具体情况具体分析，决不能随心所欲，但也不妨碍对不同色彩作一般的概括。

色相的一般特性为：

（1）红色

红色是所有色彩中对视觉感觉最强烈和最有生气的色彩，它有强烈地促使人们注意和似乎凌驾于一切色彩之上的力量。它炽烈似火，壮丽似日，热情奔放如血，常常是生命崇高的象征。人由于它的波长特点，产生了红色具有物较前进、靠近的视错觉。红色的这些特点主要表现在高纯度时的效果，当其明度增大转为粉红色时，就戏剧性地变成温柔、顺从和女性的特性了。

（2）橙色

橙色比原色红要柔和、愉悦、但高纯度的橙色人具有强烈的刺激性和兴奋性。橙色常象征活力、精神饱满和交谊性，它在实际的运用中没有消极的象征或感情上的联想。

（3）黄色

黄色在色相环上是明度级最高的色彩，它使人来联想到光芒四射，轻盈明快，生机勃勃，具有温暖、愉悦的效果，常为积极向上、进步、文明、光明的象征，但当它彩度或明度降低时（如渗入少量蓝、绿色），就会显出病态和令人作呕。

（4）绿色

绿色是大自然中最常见的色彩之一，常常是大自然中植物生长、生机盎然、清新宁静的生命力量和自然力量的象征。从生理上和心理上，绿色给人以平静、松弛的感觉（图4-12）。

（5）蓝色

蓝色从各个方面都是暖色的对立面。蓝色与红色比较，在外貌上蓝色是透明的和潮湿的，红色是不透明的和干燥的；从心理上蓝色是冷的、安静的，红色是暖的、兴奋的；在性格上，红色是粗犷的，蓝色是清高的；对人机体作用，蓝色减低血压，红色增高血压，蓝色象征安静、清新、舒适和沉思。

（6）紫色

紫色是红与蓝色的混合，是一种冷红色和沉着的红色，它精致而富丽，高贵而迷人；偏蓝的紫色，沉着高雅，一般象征尊严、孤傲或悲哀。偏红的紫色，华贵艳丽，紫罗兰色是紫色的较浅的阴面色，是一种纯光谱色相，紫色是混合色，两者在色相上有很大的不同（图4-13）。

色彩在心理上的物理效应，如冷热、远近、轻重、大小等；感情刺激，如兴奋、消沉、开朗、抑郁、动乱、镇静等；象征意象，如庄严、轻快、刚、柔、富丽、简朴等，被人们像魔法一样地用来创造心理空间。表现内心情绪，反映思想感情。任何色相、色彩性质常有两面性或多义性，我们要善于利用它积极的一面。根据画家的经验，一般采用暖色相和明色调占优势的画面，容易造成欢快的气氛，而用冷色相和暗色调占优势的画面，容易造成悲伤的气氛。这对室内色彩的选择也有一定的参考价值。

4.4　室内色彩的基本要求和方法

4.4.1　室内色彩设计的基本要求

在进行室内色彩设计时，应首先了解和色彩有密切联系的以下问题：

① 室内空间的使用目的　不同的使用目的，如会议室、病房、起居室，显然在考虑色彩的要求、性格的体现、气氛的形成各不相同，甚至是截然不同的。

② 室内空间的大小、设计形式　色彩可以按不同空间大小、形式和不同的配色方案来进一步强调或削弱色彩的对比，调整整个空间的色彩感觉。

③ 室内空间的方位　不同方位在自然光线作用下的色彩是不同的，冷暖感也有差别，因此，可利用色彩来进行调整。

④ 使用空间的人的类别　老人、小孩、男、女，对色彩的要求有很大的区别；不同的民族、文化层次、职业对色彩的要求也有很大区别。色彩设计应适合居住者的爱好，进行颜色的设定。

⑤ 使用者在空间内的活动时间的长短　学习的教室，工业生产车间，不同的活动与工作内容，要求不同的视线条件，才能提高效率、安全和达到舒适的目的。长时间使用的房间的色彩应比短时间使用的房间强得多。此时，色彩的色相、彩度对比等，考虑也存在着差别，对长时间活动的空间，主要考虑的是人们在里面工作时间久了不容易产生视觉疲劳。

⑥ 该空间所处的周围情况　色彩和环境有密切联系，尤其在室内，色彩的反射可以影响其他颜色。同时，不同的环境，通过室外的自然景物也能反射到室内来，色彩还应与周围环境达到协调。

⑦ 使用者对于色彩的偏爱　一般说来，在符合原则的前提下，应该合理地满足不同使用者的爱好和个性，才能符合使用者的心理要求。

在符合色彩的功能要求原则下，可以充分发挥色彩在构图中的作用。室内色彩的基本要求，实际上就是按照不同的对象有针对性地进行色彩配置。

4.4.2 室内色彩的设计方法

（1）色彩的协调

室内色彩设计的根本问题是配色问题，这是室内色彩效果优劣的关键。孤立的颜色无所谓美或不美，就这个意义上说，任何颜色都没有高低贵贱之分，只有不恰当的配色，而没有不可用之颜色。色彩效果取决于不同颜色之间的相互关系，同一颜色在不同的背景条件下，其色彩效果可以迥然不同，这是色彩所特有的敏感性和依存性，因此如何处理好色彩之间的协调关系，就成为配色的关键问题。

统一地组织各种色彩的色相、明度和纯度的过程就是配色的过程，良好的室内环境色调，总是根据一定的秩序来组织。

① 同一性原则　根据同一性原则进行配色，就是使组成色调的各种颜色或具有相同的色相，或具有相同的纯度，或具有相同的明度，达到视觉上的一致性。在室内实际工程中，以相同的色彩来组织室内环境色调的方法用的较多。

② 连续性原则　色彩的明度、纯度或色相依照色相环的顺序形成连续变化关系，依据这种关系，进行室内色彩的配置。这种配色方法，可达到统一中求变化的目的。在实际施工中，应谨慎考虑颜色的配置，以免造成色彩花、乱的现象。

③ 对比原则　一般是为了突出重点或打破当前室内空间沉郁的气氛，可在室内空间的局部上运用与整体色调相对比的颜色，在实际的工程中，突出色彩在明度上的对比易于获得更好的效果。

同时，在室内环境的色彩计划中必须考虑人工照明与自然采光对整个室内色彩的影响。室内光的颜色不是简单地取决于表面的颜色，而是取决于光源的颜色和许多表面物体反射的光，两者复杂相互作用。选择表面的颜色要同自然光、反射光和各种灯光的颜色协调一致，从而形成室内的色彩。

（2）室内色调的分类与选择

根据色彩协调规律，室内色调可以分为下列几种：

① 单色调　以一个色相作为整个室内色彩的主调，称为单色调。单色调给人一种宁静、安详的效果，并具有良好的空间感以及为室内的陈设提供良好的背景。在单色调中应特别注意通过明度及彩度的变化，加强对比，并用不同的质地、图案及家具形状，来丰富整个室内。单色调中也可适当加入黑白无彩色作为必要小细节的处理，单色调的室内装饰易于对空间进行软装饰的协调统一（图4-14、图4-15）。

② 相似色调　相似色调是最容易运用的一种色彩方案，也是目前最大众化和深受人们喜爱的一种色调。这种方案只用两三种在色环上互相接近的颜色，如黄、橙、橙红，蓝、蓝紫、紫等，给人感觉十分和谐、温馨。相似色同样也很宁静、清新，颜色也由于它们在明度和彩度上的变化而显得丰富（图4-16、图4-17）。

③ 互补色调　互补色调也称对比色调，是运用色环上的相对位置的色彩，如蓝与橙、红与绿、黄与紫，其中一个为原色，另一个为二次色。对比色在室内空间中运用起来会生动而鲜亮，使人能够很快获得注意和引起兴趣，形成鲜明对比与和谐的色彩效果。但采用

对比色必须慎重，必须有一个颜色是主色调，始终占支配地位，使另一色保持原有的吸引力。但是过强的对比会让人有不舒服的感觉，此时，可采用对明度的变化而加以“软化”，同时强烈的色彩也可以减低其彩度，使其变灰而获得平静的效果。采用对比色意味着这房间中具有互补的冷暖两种颜色，对房间来说显得小些。小户型家居不建议使用互补色（图4-18）。

④ 分离互补色调　采用对比色中一色的相邻两色，可以组成三个颜色的对比色调，获得有趣的组合。互补色（对比色），双方都有强烈表现自己的倾向，用得不当，可能会削弱其表现力，而采用分离互补，如红与黄绿或蓝绿，就能加强红色的表现力。如选择橙色，其分离互补色为蓝绿和蓝紫，就能加强橙色的表现力。通过此三色的明度和彩度的变化，也可获得理想的效果。

⑤ 双重互补色调　双重互补色调有两组对比色同时运用，采用4个颜色，对小的房间来说可能会造成混乱，但也可以通过一定的技巧进行组合尝试，使其达到多样化的效果。对大面积的房间来说，为增加其色彩变化，是一个很好的选择。使用时也应注意两种对比中应有主次、对小房间说来更应把其中之一作为重点处理。

⑥ 三色对比色调　在色环上形成三角形的3个颜色组成三色对比色调，如常用的红、黄、蓝三原色，这种强烈的色调组合适于娱乐场所等。如果将黄色软化成金色，红的加深成紫红色，蓝的加深成靛蓝色，这种色彩的组合如在优雅的房间中布置贵重色调的东方地毯。如果将此三色都软化成柔和的玉米色、玫瑰色和亮蓝色，其组合的结果常像我们经常看到的印花布和方格花呢，这种轻快的、娇嫩的色调，宜用于小女孩卧室或小食部。其他的三色也基于对比色调如绿、紫、橙，有时显得非常耀眼，并不能吸引人，但当用不同的明度和彩度变化后，可以组成十分迷人的色调来。

⑦ 无彩色调　由黑、灰、白色组成的无彩系，是一种十分高级和高度吸引人的色调。采用黑、灰、白无彩系色调，有利于突出周围环境的表现力，因此，在优美的风景区以及繁华的商业区，高明的建筑师和室内设计师都是极力反对过分地装饰或精心制作饰面，因为它们只会有损于景色。贝聿铭设计的香山饭店（图4-19、图4-20）和约瑟夫社尔索设计的纽约市区公寓，室内色彩设计极其成功之处，就在这里。在空内设计中，粉白色、米色、灰白色以及每种高明度色相，均可认为是无彩色，完全由无彩色建立的色彩系统，非常平静。但由于黑与白的强烈对比，用量要适度，例如大于2/3为白色面积，小于1/3为黑色，在一些图样中可以用一些灰色。

在某些黑白系统中，可以加进一种或几种纯度较高的色相，如黄、绿、青绿或红，这和单色调的性质是不同的，因其无彩色占支配地位，彩色只起到点缀作用，也可称无彩色与重点色相结合的色调。这种色调，色彩丰富而不紊乱，彩色面积虽小而重点更为突出，在实践中被广泛运用。

无论采用哪一种色调体系，决不能忘记无彩色在协调色彩上起着不可忽视的作用。白色，几乎是唯一可以推荐作为大面积使用的色彩。黑色，根据卡尔·阿克塞尔教授的社会调查，认为是具有力量和权力的象征。在我们实际生活中，也可以看到凡是采用纯度极高的鲜明色彩，如服装，当鲜红色、翠绿色等——红与黑色配合，不但使其色彩更为光彩夺目，而且整个色调显得庄重大方，避免了娇艳轻薄之感。当然，也不能无限制地使用，以免引起色彩上的混乱和乏味。

（3）室内色彩构图

综上所述，色彩在室内构图中常可以发挥特别的作用：

① 可以使人对某物引起注意，或使其重要性降低；

② 色彩可以使目的物变得最大或最小；

③ 色彩可以强化室内空间形式，也可破坏其形式。例如：为了打破单调的六面体空间，采用超级平面美术方法，它可以不依天花、筋面、地面的界面区分和限定，自由地、任意地突出其抽象的彩色构图，模糊或破坏了空间原有的构图形式。

（4）空间的调节

色彩由于本身的性质起到错觉作用，对居室内空间具有面积或体积上的调整作用：

① 室内空间过小，应采取收缩和消极的冷色；

② 室内中间过大，应采取膨胀和积极的暖色；

③ 室内房间低矮，天花板易采用高明度色彩；

④ 室内房间高，天花板易采用下沉性色彩。

（5）室内色彩计划

① 室内色彩计划可分：

a. 背景色彩：指天花板、墙壁、门窗和地板等室内大面积色彩。这部分色彩宜采用彩度较弱的沉静色，便能充分发挥其背景色彩的烘托作用。

b. 立体色彩：指家具等陈设物品的中面积色彩。它往往是室内的主要色彩，宜采用较为强烈的色彩。

c. 强调色彩：指摆设品、装饰品部分的小面积色彩。它往往采用最为突出强烈的色彩，充分发挥其点缀相强调作用。

室内色彩虽然采用上述常见的几种，但也可以随时根据表现需要进行变化。如墙壁、门窗、天花板和地板的色彩属于背景色彩，也可以选取其中一部分作为立体色彩。家具虽然可以作为主体色彩，但同样可以处理成背景色彩。

② 室内色彩由许多种色彩制成，加之色光反射，在表现上必须是一个相互和谐的完美整体。根据色彩和谐的原理，室内色彩计划基本可分为两种关系色彩计划：以相同或相似的色彩共同组成，赋有柔和、融洽而抒情的效果。它包括：

a. 单色计划：室内整个色彩采用一个色相，用加白—加灰—加黑，使明度逐渐变化的手法。如红加白变成粉红，加黑变成深红。

b. 类似色计划：根据室内表现的综合需要，选择一组类似色，并利用其彩度与明度的变化配合，使室内产生统一中赋有变化的色彩效果。如黄、绿、粉绿、加入无彩色的黑、白、灰，变化更加丰富。

色彩协调的基本概念是由白光光谱的原色，按其波长从紫到红排列的，这些纯色彼此协调，在纯色中加进等量的黑或白所区分出的原色也是协调的，但不等量时就不协调。例如米色和绿色、红色与棕色不协调。在色环上处于相对地位并形成一对互补色的那些色相是协调的，将色环三等分，造成一种特别和谐的组合。色彩的近似协调和对比协调在室内色彩设计中都是需要的，近似协调固然能给人以统一和谐的平静感觉，但对比协调在色彩之间的对立、冲突所构成的和谐关系却更能动人心魄，关键在于正确处理和运用色彩的统一与变化规律。和谐就是秩序，一切理想的配色方案，所有相邻色的间隔是一致的，在色立体上可以找出7种协调色的。

（6）室内空间功能

室内空间功能包括物质功能和精神功能。物质功能包括使用上的要求，如空间的占地面积、大小、围合形状、适合的家具、设备布置，使用方便、节约空间，交通组织、疏散、消防、安全等措施以及科学地创造良好的采光、照明、通风、隔热、隔声等的物理环境等。解决室内空间的使用功能问题是室内环境设计的过程中最主要的任务。

现代电子工业的发展，新技术的引进和利用，室内智能化的配置，对建筑使用提出了相应的要求和革新，其物质功能的重要性、复杂性是不言而喻的。

精神功能是在物质功能的基础上，在满足物质需要的同时，从人的文化、心理需求出发，将人的不同爱好、愿望、意志、审美情趣、民族文化、民族风格等方面，充分体现在空间形式的处理和空间形象的塑造上，创建与功能性质相符的所需的室内环境氛围，使人们获得精神上的满足和美的享受。

由于审美观念的差别，建筑空间形态的美感问题，很难达到一致，但这并不能否定建筑形象美的一般规律。

建筑美，不论其内部还是外部均可概括为意境美和形式美两个主要方面（图4-21、图4-22）。

第5章　室内家具与陈设

家具是供使用者坐、躺、贮藏日常活动器具的器具，是人们生活的必需品，不论是工作、学习、休息，或坐或卧或躺，都离不开相应家具的依托。此外，它是室内空间设计中特定的艺术空间构件，在社会、家庭生活中的许多各式各样、大大小小的用品，也均需要相应的家具来收纳、隐藏或展示。因此，家具在室内空间中占有很大的比例和很重要的地位，对室内环境效果起着非常重要的影响。

家具的发展与当时社会的生产技术水平、政治制度、生活方式、风格习俗、思想观念以及审美意识等因素有着密切的联系。家具的发展史也是一部人类文明、进步的历史缩影。

5.1　家具的发展

5.1.1　我国传统家具

根据象形文、甲骨文和商、周代铜器的装饰纹样推测，商代当时已产生了几、榻、桌、案、箱柜的雏形。《易经》里曾有关于床的记载。河南信阳春秋战国时代楚墓的出土文物及湖南长沙战国墓中的漆案、雕花木几和木床，反映当时已有精美的彩绘和浮雕艺术。从商周到秦汉时期，家具都很矮，便于人们席地跪坐方式吃饭。从汉代的砖石画像上，可知屏风已得到广泛使用。从魏晋南北朝时期，在晋朝顾恺之的洛神赋图和北魏司马金龙墓漆屏风图中看，当时已有矮榻，敦煌壁画中凳、倍、床、塌等家具尺度都进行加高，一直到隋唐时期，逐渐由席地间坐过渡到垂足坐椅。唐代已制作了较为定型的长桌、方凳、腰鼓凳、扶手椅、三折屏风等。可从南唐宫廷画院顾闳中的“韩熙夜宴图”及周文短的“翫屏绘棋图”中看到各种类型的儿、桌、椅、靠背椅、三折屏风等。从总体上看，唐代家具重宏观不大重微观，风格恢宏、豪迈和开朗。至五代时，家具在类型上已基本完善。宋辽金时期，从绘画（如宋苏汉臣的“秋庭婴戏图”）和出土文物中反映出，高型家具已普及，垂足坐已代替了席地而坐，家具造型轻巧，线脚处理丰富。北宋大建筑学家李诫完成了有34卷的《营造法式》巨著，并影响到家具结构形式。元代在宋代基础上有所发展。

明代和清代前期，家具的品种和类型已都齐全，造型艺术也达到了很高的水平，形成了我国家具的独特风格，是中国传统家具的最高峰。

人们常说的“明式家具”和“清式家具”并不与“明代的家具”和“清代的家具”相

对应，它是按形式、水平和风格划分的。一般以清代乾隆皇帝时为分界线，此前的称“明式家具”，此后的称“清式家具”。

明代家具在我国家具历史上占有最重要的地位，以形式简捷、构造合理著称于世。其基本特点是：

① 重视使用功能，基本上符合人体工程学原理，注重内容与形式的统一，如坐椅的靠背曲线和扶手形式（图5-1）。

② 在符合使用功能、结构合理的前提下，造型优美，比例适宜，刚柔并济，外表光洁，干净利索，庄重典雅，繁简得体，统一之中有变化。

③ 结构合理，符合力学要求，形式简捷，榫卯技术卓越，做工精巧，不论从整体或各部件分析，既不显笨重又不过于纤弱（图5-2）。

④ 用材讲究，重纹理，重色泽，质地纯净而细腻。

⑤ 具有很高的文化品位和中国特色，在选材、加工等方面，充分体现了尊重自然、道法自然的精神（图5-3）。

明式家具的审美观念和高明的艺术处理手法，是中外家具史上罕见的，达到了功能与美学的高度统一。明代家具常用黄花梨、紫檀、红木等硬性木材，并采用了大理石、玉石、贝螺等多种镶嵌艺术。

明代家具重装饰，更多地采用嵌、绘等装饰手法，用现代观点来看，比较繁冗、凝重，但因其装饰精美、豪华富丽，在室内起到突出的装饰效果，仍然获得不少中外人士的喜欢，在许多场合下至今还在沿用，成为我国民族风格的又一杰出代表（图5-4）。

5.1.2 国外古典家具

（1）古代家具——埃及、希腊、罗马家具

① 古埃及（公元前3100～公元前311年）很早就开始营建宫殿、庙宇和陵墓，古埃及首次记载家具的制造，从发掘的材料看，从古国时代起，贵族们就开始使用凳和椅。古埃及家具的风格特征与所有者的社会地位相关联，装饰性超过实用性。贵族们用的家具以金、银、宝石、象牙为材料，镶嵌雕琢的极为华丽；用色鲜明、富有象征性；宫廷家具还以金箔作装饰。椅子是当时家具中最为重要的品种，国王的宝座被视为权势的象征。贮藏家具有柜、箱等，也有用兰草、棕榈纤维编制的筐。埃及家具造型规则，华贵中暗示权威，拘理中具有动感。

古埃及家具对英国摄政时期和维多利亚时期及法国帝国时期影响显著（图5-5）。

② 古希腊（公元前650～公元前30年）吸取埃及和西亚人的先进文化，于公元前五世纪就使古希腊家具达到了很高的水平。古希腊人生活节俭，家具简单朴素，造型适合生活要求，具有活泼、自由的气质，比例适宜，线型简洁，造型轻巧，优美舒适，充分体现了功能与形式的统一，而不是过于追求华丽的装饰。古希腊家具中最有代表性的品种是凳、椅、箱（图5-6）。

③ 古罗马（公元前753～公元前365年）家具是古希腊家具的继承和发展，是奴隶制时代家具的高峰期。它的家具厚重、装饰复杂、精细，采用镶嵌与雕刻，旋车盘腿脚、动物足、狮身人面及带有翅膀的鹰头狮身的怪兽等，现存的古罗马家具都是大理石、铁或青

铜的，包括躺椅、床、桌、王座和灯具。古罗马的上层人物大都热衷于住宅建设，其中的家具自然也很讲究，采用了建筑的处理方法。从现存家具看，扳面很厚实，桌腿喜欢用狮脚，还常用浮雕或圆雕作装饰（图5-7）。

（2）中世纪（1～15世纪）家具和文艺复兴时期（800～1150年）家具

① 中世纪的家具深受宗教的影响，祭司、主教们用的座椅古板笨重，靠背很高，为的是突出表现他们的尊严与高贵。封建领主们用的家具也很粗糙，事实上，已成为落后、保守面貌的反映。这时期的家具常用鸟兽、果实、人物图案作装饰，除使用木材外，还大量使用金、银、象牙等，家具的外形竖直生硬，象牙镶嵌的马西米阿奴斯王座就是一个典型的例子。

12世纪后半叶，“哥持式艺术”兴起，哥特式家具主要用在教堂中，其主要特色是挺拔向上，竖线条多；座面、靠背多为平板状。这个时期被称为“高直时期”。高直时期家具造型深受哥持式建筑和外墙细部设计的影响，哥特式建筑以尖拱代替罗马的圆拱，在宽大的窗户上饰有彩色玻璃，广泛运用扶柱和浮雕，顶部有高耸入云的尖央塔……。所有这一切，在家具中都有程度不同的反映。

② 文艺复兴时期（1400～1650年）家具

文艺复兴时期的家具为适应社会交往和接待增多的需要，家具靠墙布置，并沿墙布置了半身雕塑、绘画、装饰品等，强调水平线，使墙面形成构图中心。文艺复兴时期的家具在哥特式家具的基础上，吸收了古代希腊、罗马家具的特长。在风格上，一反中世纪家具封闭沉闷的态势；在装饰题材上，消除了宗教色彩，显示出更多的人情味；镶嵌技术更为成熟，还借鉴了不少建筑装饰和要素，箱柜类家具有檐板、檐柱和台座，并常用涡形花纹和花瓶式旋木柱（图5-8、图5-9）。

（3）巴洛克时期（1643～1700年）家具

巴洛克时期家具完全模仿建筑造型的做法，习惯使用流动的线条，使家具的靠背面成为曲面，使腿部呈s形。巴洛克家具还采用花样繁多的装饰，如雕刻、贴金、描金、涂漆、镶嵌象牙等，在坐卧家具上还大量使用纺织品作蒙面（图5-10）。

① 法国巴洛克风格　亦称法国路易十四风格，其家具特征是：雄伟，带有夸张的、厚重的古典形式，雅致优美重于舒适，虽然用了垫子，采用直线和一些圆弧形曲线相结合和矩形、对称结构的特征，采用橡木、核桃木及某些欧核和梨木，嵌用斑木、鹅掌楸木等，家具下部有斜撑，结构牢固，直到后期才取消横档；既有雕刻和镶嵌细工，又有镀金或部分镀金或银、镶嵌、涂漆、绘画，在这个时期的发展过程中，原为直腿变为曲线腿，桌面为大理石和嵌石细工，高靠背，布置的带有精心雕刻的下部斜撑的蜗形腿；装饰图案包括嵌有宝石的旭日形饰针，围绕头部有射线，在卵形内双重“L”形，森林之神的假面，“C”“S”形曲线，海际、人面狮身、狮头和爪、公羊头或角、橄榄叶、菱形花、水果、蝴蝶、矮棕榈和睡莲叶不规则分散布置及人类寓言、古代武器等。

② 英国安尼皇后式巴洛克风格　家具轻巧优美，做工优良，线条柔美，并考虑人体尺度，形状适合人体。椅背、腿、座面边缘均为曲线，装有舒适的软垫，用法国、意大利胡桃木作饰面，常用木材有榆、山毛榉、紫杉、果木等。

（4）洛可可时期（1730～1760年）家具

洛可可家具是在巴洛克家具的基础上发展起来的。它排除了巴洛克家具追求豪华、故作宏伟的成分，吸收并发展了曲面曲线形成的流动感，以复杂多变的线形模仿贝壳和岩石，在造型方面更显纤细和花哨，不再强调对称均衡等规律。

洛可可家具以青白为基调，在此基础上再装饰石膏浮雕、彩绘、涂金或贴金。洛可可艺术的出现不是偶然的。一种因素是18世纪初人们更加渴望追求自由的生活；第二个因素是法国各阶层对路易十四生前的浮夸作风表示反感和厌弃；第三个因素是新王朝女权高涨，装饰风格和家具风格在很大程度上迎合了上层妇女的爱好（图5-11）。

（5）新古典主义（1760～1789年）家具

19世纪初，欧洲从封建主义进入资本主义。新兴的资产阶级对反映贵族腐化生活、大量使用繁琐装饰的巴洛克和洛可可风格表示厌恶，极力希望以简洁明快的手法代替旧的繁琐风格。当时的艺术家崇敬古希腊艺术的优美典雅、古罗马艺术的雄伟壮丽，肯定地认为应以希腊、罗马家具作为家具设计的基础，这时期便称为“新古典主义”时期。

古典主义家具的发展，大致分为两个阶段：一是盛行于18世纪后半期的法国路易十六式、英国的亚当兄弟式及美国联邦时期出现的家具；二是流行于19世纪初的法国帝政式、英国摄政式。这两个阶段各有自己的代表，即分别为法国路易十六帝政式和摄政式。

① 路易十六式家具的特征：以直线和矩形的造型为基础，家具的腿多为带有凹槽的圆柱形。脚部常有类似水果的球形体。这些家具不大使用镀金等装饰，而较多地采用嵌水细工、漆饰等做法。曲线少了，直线渐多。最常用的材料是胡桃木、桃花心木、椴木和乌木。座面、扶手等多用丝绸、锦缎作蒙面，色彩淡雅，大多为中间色。路易十六式家种类繁多，家具更轻，更女性化，除桌、椅、凳外，还有梳妆台、高方桌和牌桌等。

② 法国帝政式（1804～1815年）家具恪守对称的原则。家具带有刚健曲线和雄伟的比例，体量厚重，常用狮身人面像、战士、胜利女神及花环、花束等与战争有关的纹样作装饰。帝政式家具广泛使用漩涡式曲线以及少量的装饰线条，家具外观对称一致，采用暗销的胶粘结构。色彩配置大量使用黑、金、红，即用桃花心木的紫黑色、青铜镀金件的金色与蒙面天鹅绒红色相调合。

（6）维多利亚时期（1830～1901年）

维多利亚时期的家具是19世纪混乱风格的代表，是综合历史上的家具的混合形式。图案花纹包括古典、洛可可、哥特式、文艺复兴、东方的土耳其等十分混杂。设计趋于退化。1880年后，家具由机器制作，采用了新材料和新技术，如金属管材、铸铁、弯曲木、层压木板。椅子装有螺旋弹簧，装饰包括镶嵌、油漆、镀金、雕刻等。采用红木、橡木、青龙木、乌木等。构件厚重，家具有舒适的曲线及圆角。

5.1.3 近现代家具

从19世纪中期起，家具设计逐渐走向现代，即从重装饰走向重功能，从重手工走向重机械。此前的种种家具，在家具史上，都有一定的地位，但是，由于它们很难满足现代生活的要求，不能不进行新的变革。

19世纪末到20世纪初，新艺术运动摆脱了历史的束缚，澳大利亚托尼（Thone）设计了曲木扶手椅。继新艺术运动之后，风格派兴起，早在1918年，里特维尔德设计了著名的红、黄、蓝三色椅（图5-12），并在1934年设计了z字形椅（图5-13）。西方许多著名建筑师都亲自设计了许多家具，如赖特（1896 ～ 1959）为Ijrken建筑设计了第一把金属办公椅。勒•柯布西耶（1887 ～ 1965）在1927年设计的镀铬钢管构架上用皮革作饰面材料的可调整角度的躺椅，在1929年设计的可转动的扶手椅。米斯在1929年设计的“巴塞罗那”椅。

二战后，美国家具业迅速发展，丹麦、挪威、瑞典、芬兰四国的家具也很快闻名于世。他们四国的家具不像英国、法国家具那样崇尚装饰，也不像美国家具那样刻意求新，而是充分利用北欧的木材资源，着力表现木材的质感和纹理，用清漆罩面以显示木材的本色，具有清新淡雅、色泽光洁、朴实无华的气质。

1965年之后，意大利的家具业突飞猛进。它有意避开北欧诸国的锋芒，以便宜的塑胶为材料，在发扬传统的基础上探求新风格。

20世纪70年代，家具的设计进一步切合工业化生产的特点，组合家具、成套办公家具成了这一时期的代表作。

20世纪80年代后，家具设计风格多样，出现了多元并存的局面。高科技派着力表现工业技术的新成就，以简洁的造型、裸露材料和结构表现所谓“工业美”。新古典主义，则更加注重象征性的装饰，表达对古典美的怀恋之情。同一时期，仿生家具、宇宙风格等家具纷纷问世（图5-14）。

20世纪70年代，在欧美出现一种“后现代主义”的设计思潮。它涉及建筑及家具。所谓“后现代主义”，其实是对现代主义理论及其实践的批判，它怀疑现代主义的永恒性，认为他们的产品过于机械化、理性化和单调化。后现代主义者对古典风格抱有相当的兴趣，他们在设计中常以新的手法把传统艺术中的细节当作一种符号体现在自己的创作成果中。

综观各国、各地、各种风格流派的家具，可以看出现代家具的两条主流线：一条线是以新材料、新工艺、新结构为基础，着眼于标准化、系列化、通用化和批量化；另一条线是以传统形式及手工业生产技术为基础，着眼于传统技艺与现代化工业生产相结合，比较注意传统格调和民族性。这两种趋向各有特色，但就现代家具的整体而言，其基本特点是注重功能，讲究适用，强调以人体工程学的理论为指导确定家具的尺寸；外观简洁大方，线脚不多，造型优美，没有繁琐的装饰；注重纹理、质地、色彩，体现材料的固有美；与机械化、自动化生产方式相联系，充分考虑生产、运输、堆放等要求；注意应用新的科技成就，使用新材料、新技术、新配件，在使用中与幻光设备、声响设备、自控设备、自动化的办公系统相结合，创造出了一大批前所未有的新型式，取得了革命性的伟大成就，标志着崭新的当代文化、审美观念。

5.2 家具的尺度和分类

5.2.1 人体工程学与家具设计

家具是为人使用的，是为人服务的，因此，家具设计包括它的尺度、形式及其布置方式，必须符合人体工程学中人体的尺度及人体各部分的活动规律，以便达到安全、舒适、方便的目的。

人体工程学在室内设计中的作用主要体现在以下两个方面：

（1）为确定空间范围提供依据

影响空间大小、形状的因素相当多，但最主要的还是人的活动范围以及家具设备的数量和尺寸。因此，在确定空间范围时，必须搞清楚使用这个空间的人数，每个人需要多大的活动面积，空间内有哪些家具设备以及这些家具和设备需要占用多少面积等。

（2）为设计家具提供依据

家具的主要功能是实用，因此，无论是人体家具还是储存家具都要满足使用要求属于人体家具的椅、桌、床等，要让人坐着舒适，书写方便，睡得香甜，安全可靠，减少疲劳感。

储藏家具的柜、橱、架等，要有适合储存各种衣物的空间，并且便于人们存取。为满足上述要求，设计家具时必须以《人体工学》作为指导，使家具符合人体的基本尺寸和从事各种活动需要的尺寸。

在家居设计中，人体工程学对人和家具的关系，特别对在使用过程中家具对人体产生的生理、心理反应进行了科学的实验和计测，为家具设计提供科学的依据，并根据家具与人和物的关系及其密切的程度对家具进行分类，根据人坐、立的基准点来规范家具的基本尺寸及家具间的相互关系。

良好的家具设计可以减轻人的劳动，提高工作效率，节约时间，维护人体正常姿态，从而获得身体的健康。

5.2.2 家具设计的基准点和尺度的确定

人和家具、家具和家具（如桌和椅）之间的关系是相对的，并应以人的基本尺度（站、坐、卧）为准则来衡量这种关系，确定其科学性和准确性，并决定相关的家具尺寸。

人的立位基准点是以脚底地面作为设计零点标高，即脚底后跟点加鞋厚（一般为2cm）的位置。座位基准点是以坐骨结节点为准，卧位基准点是以髋关节转动点为准。

对于立位使用的家具（如柜）以及不设坐椅的工作台等，应以立位基准点的位置计算，而对座位使用的家具（桌、椅等），过去确定桌椅的高度均以地面作为基准点，这种依据是和人体尺度无关的，实际上人在座位时，眼的高度、肘的位置、脚的状况，都只能从坐骨结节点为准计算，而不能以无关的脚底的位置为依据。

因此，桌面高＝桌面至座面差＋座位基准点高

一般桌面至座面差为250 ～ 300cm；

座位基准点高为390 ～ 410cm。

所以，一般桌高在640cm (390cm＋250cm) ～ 710cm (410cm＋300cm) 这个范围内。

桌面与座面高差过大时，双手臂会被迫抬高而造成不适；当然高差过小时，桌下部空间相应变小，腿部在桌下部容纳不开，也会造成困难。

5.2.3 家具的分类与设计

世界上的家具形形色色，很难用一个单一的分类方法把它们分清楚。理论研究和实际

工作中常按以下方法分类：

（1）按基本功能分类

所谓按基本功能分类就是按人与家具使用功能分类。采取这种分类法有助于设计者从人体工学的角度去研究家具，使家具设计更加符合人的生理特征和需求。其具体种类有：

① 坐卧家具　主要指直接支承人体的家具，如椅、凳、沙发、床、榻等。

② 凭倚家具　主要指不全部支承人体，但人要在其上工作的家具，如桌子、柜台、茶几、床头柜等。

③ 储物家具　主要指储存衣服、被褥、书刊、器皿、货物的壁柜、衣柜、书架、货架及各种隔板等。

④ 装饰家具　有些家具虽然也有一定实用价值，但主要是用来美化空间的，具有很强的装饰性，可称装饰类家具，如博古架与花几等。

（2）按制作材料分类

不同的材料有不同的性能，其构造和家具造型也各有特色，家具可用单一材料制成，也可和其他材料结合使用，以发挥各自的优势。

① 木制家具　木制家具指的是用木材及其制品（如胶合板、纤维板、刨花板等）制作的家具。木家具材质轻，强度高，质感柔和，造型丰富，是家庭、宾馆中常用的家具。在北欧等盛产木材的国家和地区，木家具更是普通，并以清新、典雅的风格著称于世。常用木材有柳桉、水曲柳、柚木、楠木、红木、花梨木等（图5-15）。

② 藤、竹家具　藤、竹材料和木材料一样具有质轻高强和质朴自然的特点，而且更富有弹性和韧性，易于编织，竹制家具又是理想的夏季消暑使用家具。藤、竹家具轻盈剔透，常用于盛产竹藤的地区，它不仅能满足多种功能要求，还可体现出鲜明的地方性。过去，竹藤家具多为凳、椅、茶几等，而今，不仅扩大至沙发、书架，甚至扩展至屏风、隔断等大型装饰家具。藤竹家具在室内设计中会给人一种别具一格的风味，但各种天然材料不易于长久保存，均须按不同要求进行干燥、防腐、防蛀、漂白等加工处理后才能使用（图5-16）。

③ 金属家具　金属家具包括全金属家具以及金属框架与玻璃或木板构成的家具。这里的金属可以是钢材、铝材，经电镀处理后，还可有不同的质感和色彩。金属管材制作的躺椅、办公椅、床等富有现代感，特别适合现代气息浓郁的空间。它们实用、简练，且适合大批量生产（图5-17）。

④ 塑料家具　以塑料为主要原料制作的家具种类繁多，这主要是因为生产工艺不同，致使家具的形态也不同。常见的塑料家具有模压成型的硬质塑料家具，有挤压成型的管材、型材接合的家具，有由树脂与玻璃纤维配合生产的玻璃钢家具，还有软塑料充气、充水家具等。塑料家具可以有多种颜色，且可与其他材料如帆布、皮革等相并用。塑料家具一般采用玻璃纤维加强塑料，模具成型，具有质轻高强、色彩多样、光洁度高和造型简洁等特点。塑料家具常用金属作骨架，成为钢塑家具（图5-18）。

⑤ 软垫家具　软垫家具也称软性家具，主要指带软垫的床、沙发和沙发椅。

坐卧家具向软垫方向发展是近几年人们物质生活水平不断提高的表现，因为软垫家具与传统家具相比具有以下优点：一是增加人体与家具的接触面，减少单位面积上承受的压力，避免或减轻人体某些部分因压力过于集中而产生的酸痛感；二是软垫家具有助于人们在坐卧时调整姿势，使人们在休息时自然松弛（图5-19）。

（3）按构造体系分类

家具主要材料的不同，结构方式也会跟着发生变化。即使材料相同，家具的构造方式包括接合方法也可以有很多种。以木框架的接合方法为例，就有榫接、钉接、胶接及金属零件连接等。

① 框式家具　传统木家具多数属于框架式。通俗点说，就是家具由一个框架作为整个家具的承重部分，在框架中间镶板或在框架的外面附面板。构成框架的杆件大都用榫卯连接，坚固性较好。面板上还可镶嵌其他装饰材料或雕刻成所需的图案。框架家具的最大优点是坚固耐久，适合于桌、椅、床、柜等各式家具，并有固定、装拆的区别。框式家具常有木框及金属框架等。

② 板式家具　板式家具是用板式材料进行拼装和承受荷载，常以胶合或金属连接件等方法，视不同材料而定，板材多为细木板和人造板。

板式家具的主要特点是结构简单、节约材料、组合灵活、外观简洁、造型新颖、富有时代感，且便于实现生产的机械化和自动化。板式家具的出现与发展是与现代社会的机械生产方式、科学技术以及人们的需求紧紧地联系在一起的。板式家具不仅适合于现代化的生产方式，而且符合现代社会讲究效率、注重成本、节约能源和现代人偏爱简洁大方的审美趣味。

③ 拆装家具　用五金零件连接的板式家具也是一种可以进行拆装的家具，但这里所说的拆装家具主要是指从结构设计上提供了更简便的拆装机会，甚至可以在拆后放到皮箱或纸箱携带和运输的家具。

常见的拆装家具中，有一种插接式的，有一种为插板式的。插接式的拆装家具其骨架由钢管或塑料管组成，接口制成榫卯状或套接状，在骨架构成后，再装板材，通过预先打好的孔眼，插上连接件。插板式拆装家具是由四块方形板作为承重结构的，板上有槽口，插到一起配上座垫即可使用。由于插板规格多样，座垫色彩、图案可变，因此，其形式虽然简单、却可以变化为很多不同的造型。

拆装家具的主要特点是摒弃了传统做法，很少使用钉子和黏结剂，有些接口组装的家具甚至连五金零件也不用，这为生产、运输、装配、携带、贮藏提供了极大的方便。

④ 折叠家具　折叠家具的主要特点是用时打开，不用时收拢，体积小，占地少，移动、堆积、运输极方便。折叠式家具的堆放方式有垂直、水平和倾斜三种。柜架类常用于家庭，桌椅类常用于会议室、餐厅和观览厅。

⑤ 支架家具　支架家具由主要两部分组成，一部分是木或金属支架，一部分是柜橱或隔板。此类家具可悬挂在墙、柱上，也可支承在地面上，其特点是轻巧活泼，制作简便，占地面积少。支架家具的体积和重量都小，故多用于客厅、卧室、书房、厨房等。

⑥ 注塑家具　采用硬质和发泡塑料，用模具浇筑成型的塑料家具，整体性强，是一种特殊的空间结构。目前，高分子合成材料品种繁多，性能不断改进，这种注塑家具质轻、光洁、色彩丰富、成型自由、成本低，易于清洁和管理，在餐厅、车站、机场中广泛应用。

⑦ 充气家具　充气家具的实验和生产直到最近几十年才开始使用。充气家具的主体是聚氨基甲酸乙酯泡沫和密封气体组成的一个不漏气胶囊。与传统家具相比，不仅省掉了

弹簧、海绵、麻布等，还大大简化了工艺过程、减轻了重量，并给人以透明、新颖的印象。充气家具目前还只限用于床、椅、沙发等。

（4）按家具组成分类

① 单体家具　在组合成配套家具产生之前，不同类型的家具，都是作为一个单独的工艺品来生产的，它们之间很少有必然的联系，用户可以按不同的需要和爱好单独选购。这种单独生产的家具不利于工业化大批生产，而且各家具之间在形式和尺度上不易配套、统一。因此，后来为配套家具和组合家具所代替。但是个别著名家具，如里特维尔德的红、黄、蓝三色椅等，现在仍有人乐意使用。

② 配套家具　卧室中的床、床头柜、衣橱等，常常因生活需要把材料、款式、尺度、装饰等方面统一设计，相互呼应、相互联系。配套家具现已发展到各种领域，如旅馆客房中床、柜、桌椅的配套，客厅中沙发、茶几、装饰柜的配套，以及办公室家具的配套等。配套家具不等于只能有一种规格，由于使用要求和档次的不同，要求有不同的变化，从而产生了各种配套系列，使用户有更多的选择自由。

③ 组合家具　组合家具是由若干个标准单元或零部件，拼接成不同的组合形式，典型的组合家具是组合沙发与组合柜。组合家具的生产，与传统家具相比，在生产和配置方面无疑是个巨大的进步，组合家具更有利于标准化和系列化，使生产加工过程简化、专业化。在此基础上，因组合家具更适合大工业生产的要求，可以批量生产，降低成本，提高效率；适合消费者的需求，可以由消费者自己按兴趣、爱好和经济条件决定数量、款式，甚至分期地购置。

组合家具的设计工作应进一步扩大组合范围，既不仅限于橱柜和沙发椅，还要包括桌、茶几、柜和卧具等；同时要进一步提高组合的灵活性，尽量用少量的单元和配件组合更加丰富的家具。

④ 固定家具　固定家具即固定于建筑结构之上、不能随意移动的家具，包括住宅中的壁柜、吊柜、隔板及加宽的窗台板兼做小桌等。固定家具既能满足功能的需要，又能充分利用空间，增加环境的整体感，更重要的是可以实现建筑与家具的同步设计与施工。值得注意的是，此类家具的设计和施工都要精心，务求位置、尺度、施工质量的高层次。

此外，家具类型还有活动式的嵌入式家具、一具多用的多功能家具、悬挂式家具等类型。

5.3　家具在室内环境中的作用

家具是室内环境的重要组成部分，设计、选择和布置家具是室内设计的重要内容。室内设计的根本任务是为人们创造一个理想的生活环境，而这种环境离开家具是很难形成的。家具在室内环境中的作用有以下几个作用。

5.3.1　明确使用功能、识别空间性质

除了作为交通性的通道等空间外，绝大部分的室内空间（厅、室）在家具未布置前是难以表达它的使用功能，且难于识别它的功能性质，更谈不上它的功能的用处了。因此，可以这样说，家具是空间实用性质的直接表达者，家具的组织和布置也是空间组织使用的

直接体现，是对室内空间组织、使用空间的再创造。

良好的家具设计和布置形式，能充分反映使用的目的、规格、等级、地位以及个人特性等，从而使空间赋予一定的环境品格。我们应该从这个高度来认识家具对组织空间的作用。

5.3.2 利用空间、组织空间

在现代建筑中，为提高内部空间的灵活性，常常采用可以二次划分的大空间，而二次划分的任务又常常由家具来完成。

开放式的办公室没有用传统方式把大空间隔成许多小房间，而是用装配式的隔断和分组布置的桌椅柜架来划分的。这些经过二次划分形成的办公室、接待室、会议室等各有相对的独立性；又相互联系和贯通，不仅符合现代办公机构的要求，也利于在机构人员变动时进行再调整。如在一个面积不大的矮柜和百页分隔空间的起居室，如何划分能达到功能分区明确，空间新颖的效果呢？因此，应该把室内空间分隔和家具结合起来考虑，在可能的条件下，通过家具分隔既可减少墙体的面积，减轻自重，提高空间使用率，并在一定的条件下，还可通过家具布置的灵活变化达到适应不同的功能要求的目的。此外，某些吊柜的设置具有分隔空间的因素，并对空间作了充分的利用，如开放式厨房，常利用餐桌及其上部的吊柜来分隔空间。室内交通组织的优劣，全赖于家具布置的得失，布置家具圈内的工作区，或休息谈话区，不宜有交通穿越，因此，家具布置还应处理好与出入口的关系。

5.3.3 建立情调、创造氛围

气氛是指环境给人们的一种印象，如华贵、典雅、朴实、庄重、清新等，意境是指在一个环境中能给人联想，给人以感染的场景。历来人们对家具除了注意其使用功能外，还利用各种艺术手段，通过对家具的形象来表达某种思想和涵义。又因家具在室内空间所占的比重较大，体量十分突出，因此家具就成为室内空间中表现气氛和意境的重要角色。家具用来表达某种思想和涵义在古代宫廷家具设计中可见一斑，有些家具甚至已成为封建帝王权力的象征。如故宫中，其中的宝座和陈设就集中体现了封建帝王的威严和权势。

家具和建筑一样受到各种文化思潮和流派的影响，从古至今，种类千姿百态。在生活中家具既是实用品，也是一种工艺美术品。家具作为一门美学和家具艺术在我国目前还刚起步，还有待进一步发展和提高。家具应该是实用与艺术的结晶，不能只注重形式美感，而抛弃了家具的使用功能，否则，家具迟早会成为新兴艺术的替代品。

从历史上看，对家具纹样的选择、构件的曲直变化、线条的刚柔运用、尺度大小的改变、造型的壮实或柔细、装饰的繁琐或简练，除了其他因素外，主要是利用家具的语言，表达一种思想、一种风格、一种情调，造成一种氛围，以适应某种要求和目的，而现代社会流行的怀旧情调的仿古家具、回归自然的乡土家具、崇尚技术形式的抽象家具等，也反映了不同时期内、不同人的各种不同思想情绪和某种审美要求。

家具的产生和发展是人类物质文明和精神文明不断发展的结果，反过来，家具的生产与发展也影响着人们的物质生活和精神生活，影响人们的审美观点和趣味。值得注意的是，现代家具应在应用人体工程学的基础上，做到结构合理、构造简捷，充分利用和发挥材料本身性能和特色。根据不同场合、不同用途、不同性质的使用要求达到与建筑的有机结合。发扬我国传统家具特色，创造具有时代感、民族感的现代家具，是我们努力的方向。

5.4 家具的选用和布置原则

室内设计师应该具备家具设计的知识和能力，但有些室内设计师毕竟不是家具设计师，室内设计师的主要任务往往不是直接设计家具，而是从环境总体要求出发，对家具的尺寸、风格、色彩等提出要求，或选用现成家具，或审定家具样品，并就家具的布局提出意见。

选择和布置家具，一定要从环境的总体要求出发，把家具作为整个环境的一部分。

5.4.1 家具布置与空间的关系

（1）合理的位置

陈设格局即家具布置的结构形式。格局问题的实质是构图问题。总的说来，陈设格局分规则和不大规则两大类，规则式多表现为对称式。有明显的轴线，特点是严肃和庄重，因此，常用于会议厅、接待室和宴会斤，主要家具成圆形、方形、矩形或马蹄形，我国传统建筑中，对称布局最常见，以民居的堂屋为例，大都以八仙桌为中心，对称加置坐椅，连墙上的中堂对联、桌子上的陈设也是对称的。不规则式的特点是不对称，没有明显的轴线，气氛自由、活泼、富于变化，因此，常用于休息室、起居室、活动室等。这种格局在现代建筑中最常见，因为它随和、新颖，更适合现代生活的要求。不论采取哪种格局，家具布置都应符合有散有聚、有主有次的原则。一般地说，空间小时，宜聚不宜散；空间大时，宜适当分散。

室内空间的位置环境各不相同，在位置上有靠近出入口的地带、室内中心地带、沿墙地带或靠窗地带，以及室内后部地带等区别，各个位置的环境如采光效率、交通影响、室外景观各不相同。应结合使用要求，使不同家具的位置在室内各得其所。例如宾馆客房，床位一般布置在暗处，休息座位靠窗布置，在餐厅中常选择室外景观好的靠窗位置，客房套间把谈话、休息处布置在入口的部位，卧室在室内的后部等。

（2）方便使用、节约劳动

同一室内的家具在使用上都是相互联系的，如餐厅中餐桌、餐具和食品柜，书桌和书架，厨房中洗、切等设备与橱柜、冰箱、蒸煮等的关系，它们的相互关系是根据人在使用过程中达到方便、舒适、省时、省力的活动规律来确定。

（3）丰富空间、改造空间

空间是否完善，只有当家具布置以后才能真实地体现出来，如果在未布置家具前，原来的空间有过大、过小、过长、过狭等都可能成为某种缺陷的感觉。但经过家具布置后，可能会改变原来的面貌而恰到好处。因此，家具不但丰富了空间内涵，而且常是借以改善空间、弥补空间不足的一个重要因素，应根据家具的不同体量大小、高低，结合空间给予合理的、相适应的位置，对空间进行再创造，使空间在视觉上达到良好的效果。

（4）充分利用空间、重视经济效益

建筑设计中的一个重要的问题就是经济问题，这在市场经济中更显得重要，因为地价、建筑造价是持续上升的，投资是巨大的，作为商品建筑，就要体现它的使用价值，一个电影院能容纳多少观众，一个餐厅能安排多少餐桌，一个商店能布置多少营业柜台，这对经营者来说不是一个小问题。合理压缩非生产性面积，充分利用使用面积，减少或消灭不必要的浪费面积，对家具布置提出了相当严峻甚至苛刻的要求，应该把它看作是杜绝浪费、提倡节约的一件好事。当然也不能走向极端，成为唯经济论的错误方向。在重视社会效益、环境效益的基础上，精打细算，充分发挥单位面积的使用价值，无疑是十分重要的。特别对大量性建筑来说，如居住建筑，充分利用空间应该作为评判设计质量优劣的一个重要指标。

5.4.2 家具形式与数量的确定

近年来，家具的形式，即家具的款式不断翻新，在选择家具款式时，应讲实效、求方便、重效益，注意与环境整体的统一。讲实效就是要把适用放在第一位，使家具合适、耐用，甚至多用。

现代家具的比例尺度在设计或选用时应与室内净高、门窗、窗台线、墙裙取得密切配合，使家具和室内装修形成统一的有机整体。家具的形式往往涉及室内风格的表现，而室内风格的表现，除界面装饰装修外，家具起着重要作用。室内风格的确定往往取决于室内功能需要和个人的爱好和情趣。随着经济往来，各国交往密切频繁，为满足人的不同需要，反映各国乃至各民族的特点，以表现不同民族和地方的特色，除现代风格以外，常采用各国各民族的传统风格和不同历史时期的古典或古代风格。

室内家具的数量，要根据不同性质的空间的使用要求和空间的面积大小来决定，在诸如教室、观众厅等空间内，家具的多少是严格按学生和观众的数量决定的，家具尺寸、行距、排距都有明确的规定。在一般房间如卧室、客房、门厅中，则应适当控制家具的类型和数量，在满足基本功能要求的前提下，充分考虑容纳人数和空间活动的舒适度，尽量留出较多的空间，以免给人拥挤不堪、杂乱无章的印象。

家具的数量决定于不同性质的空间的使用要求和空间的面积大小。除了影剧院、体育馆等群众集合场所家具相对密集外，一般家具面积不易占室内总面积过大，要考虑容纳人数和活动要求以及舒适的空间感，特别是活动量大的房间，如客厅、起居室、餐厅等，更宜留出较多的空间。小面积的空间，应满足最基本的使用要求，或采取多功能家具、悬挂式家具以留出足够的活动空间。

家具配置对人的生活方式起着重要的引导作用。要通过家具配置有效地改善人们的物质生活和精神生活，倡导新的生活方式，使人们的审美趣味更加高尚。自然追求众多的类型和数量，不仅不能反映生活水平的提高，还会成为生活的累赘。

5.4.3 家具布置的基本方法

应结合空间的性质和特点，确立合理的家具类型和数量，根据家具的单一性或多样性，明确家具布置范围，达到功能分区合理。组织好空间活动和交通路线，使动、静分区分明，分清主体家具和从属家具，使相互配合，主次分明。安排组织好空间的形式、形状和家具的组、团、排的方式，达到整体和谐的效果，在此基础上进一步，应该从布置格局、风格等方面考虑。从空间形象和空间景观出发，使家具布置具有规律性、秩序性、韵律性和表现性，获得良好的视觉效果和心理效应。因为一旦家具设计好和布置好后，人们就要去适应这个现实存在。

不论在家庭或公共场所，除了个人独处的情况外，大部分家具使用都处于人际交往和人际关系的活动之中，如家庭会客、办公交往、宴会欢聚、会议讨论、车船等候、逛商场或公共休息场所等。家具设计和布置，如座位布置的方位、间隔、距离、环境、光照，实际上往往是在规范着人与人之间各式各样的相互关系、等次关系、亲疏关系，影响到安全感、私密感、领域感。形式问题影响心理问题，每个人既是观者又是被观者，人们都处于通常说的“人看人”的局面之中。

因此，当人们选择位置时必然对自己所处的地位位置作出考虑和选择，自古以来，人在自然中总是以猎人—猎物的双重身份出现，他（她）们既要寻找捕捉的猎物，又要防范别人的袭击。人类发展到现在，虽然不再是原始的猎人猎物了，但是，保持安全的自我防范本能、警惕性还是延续下来，在不安全的社会中更是如此，即使到了十分理想的文明社会，安全有了保障时，还有保护个人的私密性意识存在。

因此，我们在设计布置家具的时候，特别在公共场所，应适合不同人们的心理需要，充分认识不同的家具设计和布置形式代表了不同的含义，比如，一般有对向式、背向式、离散式、内聚式、主从式等布置，它们所产生的心理作用是各不相同的。

从家具在空间中的位置可分为：

① 周边式　家具沿四周墙布置，留出中间空间位置，空间相对集中，易于组织交通，为举行其他活动提供较大的面积，便于布置中心陈设。

② 岛式　将家具布置在室内中心部位，留出周边空间，强调家具的中心地位，显示其重要性和独立性，周边的交通活动，保证了中心区不受干扰和影响。

③ 单边式　将家具集中在一边，留出另一边空间（常称为走道）。工作区与交通区截然分开，功能分区明确，干扰小，交通成为线形，当交通线布置在房间的短边时，交通面积最为节约。

④ 走道式　将家具布置在室内二侧，中间留出走道。节约交通面积，交通对两边都有干扰，一般客房活动人数少，都这样布置。

从家具布置与墙面的关系可分为：

① 靠墙布置　充分利用墙面，使室内留出更多的空间。

② 垂直于墙面布置　考虑采光方向与工作面的关系，起到分隔空间的作用。

③ 临空布置　用于较大的空间，形成空间中的空间。

从家具布置格局可分为：

① 对称式　显得庄重、严肃、稳定而静穆，适合于隆重、正规的场合。

② 非对称式　显得活泼、自由、流动而活跃，适合于轻松、非正规的场合。

③ 集中式　常适合于功能比较单一、家具品类不多、房间面积较小的场合，组成单一的家具组合。

④ 分散式　常适合于功能多样、家具品类较多、房间面积较大的场合，组成若干家具组，不论采取何种形式，均应有主有次，层次分明，聚散相宜。

5.5　室内陈设的意义

室内陈设或称摆设，是继家具之后的又一室内重要内容，陈设品的范围非常广泛，内容极其丰富，形式也多种多样，随着时代的发展而不断变化，但是作为陈设的基本目的和深刻意义，始终是以其表达一定的思想内涵和精神文化方面为着眼点，并起着其他物质功能所无法代替的作用，它对室内空间形象的塑造、气氛的表达、环境的渲染起着锦上添花、画龙点睛的作用，也是具有完整的室内空间所必不可少的内容。同时也应指出，陈设品的展示也不是孤立的，必须和室内其他物件相互协调和配合，亲如一家。此外，陈设品在室内的比例毕竟是不大的，因此为了发挥陈设品所应有的作用，陈设品必须具有视觉上的吸引力和心理上的感染力。也就是说，陈设品应该是一种既有观赏价值又能品味的艺术品。我国传统楹联是室内陈设品的典型的杰出代表。

我国历来十分重视室内空间所表现的精神力量，如宫殿的威严、寺庙的肃穆、居室的温馨等。究其源，无不和室内陈设有关。

室内陈设浸透着社会文化、地方特色、民族气质、个人素养的精神内涵，都会在日常生活中表现出来。室内陈设一般分为纯艺术品和实用艺术品。艺术品只有观赏品味价值而无实用价值（这里所指的实用价值是指物质性的），而实用工艺品，则既有实用价值又有观赏价值。两者各有所长，各有特点，不能代替，不宜类比。要将日用品转化成具有观赏价值的艺术品，当然必须进行艺术加工和处理，此非易事，因为不是任何一件日用品都可列入艺术品；而作为纯艺术品的创作也不简单，因为不是每幅画、每件雕塑都可获得成功的。

常用的室内陈设：

5.5.1　字画

我国传统的字画陈设表现形式，有楹联、条幅、中堂、匾额以及具有分隔作用的屏风、纳凉用的扇面、祭祀用的祖宗画像等（可代替伺堂中的牌位）。所用的材料也丰富多彩，如有纸、锦帛、木刻、竹刻、石刻、刺绣。我国传统字面至今在各类厅堂、居室中广泛应用，并作为表达民族形式的重要手段。西洋画的传入以及其他绘画形式，丰富了绘画的品类和室内风格的表现。字画是一种高雅艺术，也是广为普及和为群众喜爱的陈设品，可谓装饰墙面的最佳选择。

5.5.2　摄影作品

摄影作品是一种纯艺术品。摄影和绘画不同之处在于摄影只能是写实的和逼真的。少数摄影作品经过特技拍摄和艺术加工，也有绘画效果，因此摄影作品的一般陈设和绘画基本相同，而巨幅摄影作品常作为室内扩大空间感的界面装饰，意义已有不同。摄影作品制成灯箱广告，这是不同于其他绘画的特点。

由于摄影能真实地反映当地当时所发生的情景，因此某些重要的历史性事件和人物写照，常成为值得纪念的珍贵文物。

5.5.3 雕塑

瓷塑、铜塑、泥塑、竹雕、石雕等，流传于民间和宫廷。晶雕、木雕、玉雕、根雕等是我国传统工艺品之一，题材广泛，是常见的室内摆设。有些已是历史珍品，现代雕塑的形式更多。

5.5.4 盆景

盆景在我国有着悠久的历史，是植物观赏的集中代表，被称为有生命的绿色雕塑。盆景的种类和题材十分广阔，它像电影一样，既可表现特写镜头，如一棵树样盆景，老根新芽，充分表现植物的刚健有力，苍老古朴，充满生机；又可表现壮阔的自然山河，如一盆浓缩的山水盆景，可表现崇山峻岭、湖光山色、亭台楼阁、小桥流水，千里江山，尽收眼底，可以得到神思卧游之乐。

5.5.5 工艺美术品、玩具

工艺美术品的种类和用材更为广泛，有竹、木、草、藤、石、泥、玻璃、塑料、陶瓷、金属、织物等。有些本来就是属于纯装饰性的物品，如挂毯之类。有些是将一般日用品进行艺术加工或变形而成，旨在发探其装饰作用和提高欣赏价值，而不在实用。这类物品常有地方特色以及传统手艺，如不能用以买菜的小筐、不能坐的飞机、常称为玩具等。图5-20为不同形状、大小、色彩的靠垫及悬挂工艺品。

5.5.6 个人收藏品和纪念品

个人的爱好既有共性，也有特殊性，家庭陈设的选择，往往以个人的爱好为转移，不少人有收藏各种物品的癖好，如邮票、钱币、字画、金石、钟表、古玩、书籍、乐器、兵器以及各式各样的纪念品，传世之宝，这里既有艺术品也有实用品。其收集领域之广阔，几乎无法予以规范。但正是这些反映不同爱好和个性的陈设，使不同家庭各具特色，极大地丰富了社会交往内容和生活情趣。

此外，不同民族、国家、地区之间，在文化经济等方面反差是很大的，彼此都以奇异的眼光对待异国他乡的物品。我们常可以看到，西方现代厅室中，挂有东方的画轴、古装，甚至蓑衣、草鞋、草帽等也登上大雅之堂。这些异常的陈设和室内其他物件的风格等没有什么联系。

5.5.7 日用装饰品

日用装饰品是指日常用品中，具有一定观赏价值的物品，它和工艺品的区别是，日用装饰品，主要还是在于其可用性。这些日用品的共同特点是造型美观、做工精细、品味高雅，在一定程度上，具有独立欣赏的价值。因此，不但不必收藏起来，而且还要放在醒目的地方去展示它们，如日用化妆品、古代兵器、灯具等。

5.5.8 织物陈设

织物陈设，除少数作为纯艺术品外，如壁挂、挂毯等，大量作为日用品装饰，如窗帘、台布、桌布、罩、靠垫、家具等蒙面材料。它的材质形色多样，具有吸声效果，使用灵活，便于更换，使用极为普通。由于它在室内所占的面积比例很大，对室内效果影响极大，因此是一个不可忽视的重要陈设。

5.6 室内陈设的选择和布置原则

作为艺术欣赏对象的陈设品，随着社会文化水平的日益提高，它在室内所占的比重将逐渐扩大，它所拥有的地位也将越来越显得重要，并最终成为现代社会精神文明的重要标志之一。

现代技术的发展和人们审美水平的提高，为室内陈设创造了十分有利的条件。如果说，室内必不可少的物件为家具、日用品、绿化和其他陈设品等，那么其中灯具和绿化已被列为陈设范围，留下的只有日用品了，它所包括的内容最为庞杂，并根据不同房间使用性质而异，如书房中的书箱，客厅中的电视音响设备，餐厅中的餐饮具等。但实际上现代家具已承担了收纳各类杂物的作用，而且现代家具本身已经历千百年的锤炼，其艺术水平和装饰作用已远远超过一般日用品。

由此可见，室内陈设品的选择和布置，主要是处理好陈设和家具之间的关系，陈设和空间界面之间的关系。由于家具在室内常占有重要位置和相当大的体量，因此，陈设围绕家具布置已成为一条普遍规律。

室内陈设的选择和布置应考虑以下几点；

（1）室内的陈设应与室内使用功能相一致

一幅画、一件雕塑、一副对联，它们的线条、色彩，不仅为了表现本身的题材，只有这样才能反映不同的空间特色，形成独特的环境气氛，赋予深刻的文化内涵。

（2）室内陈设品的大小、形式应与室内空间家具尺度取得良好的比例关系，也应和空间场所相协调。室内陈设品过大，常使空间显得小而拥挤，过小又可能产生室内空间过于空旷，局部的陈设也是如此，例如沙发上的靠垫做得过大，使沙发显得很小，而过小则又如玩具一样很不相称。陈设品的形状、形式、线条，更应与家具和室内装修取得密切的配合，运用多样统一的美学原则达到和谐的效果。

（3）陈设品的色彩、材质也应与家具、装修统一考虑，形成一个协调的整体

在色彩上可以采取对比的方式以突出重点，或采取调和的方式，使家具和陈设之间、陈设和陈设之间，取得相互呼应、彼此联系的协调效果。色彩又能起到改变室内气氛、情调的作用。

（4）陈设品的布置应与家具布置方式紧密配合，形成统一的风格

良好的视觉效果，稳定的平衡关系，空间的对称或非对称，静态或动态，对称平衡或不对称平衡和气氛的严肃、活泼、活跃、雅静等，除了其他因素外，布置方式起到关键性的作用。

（5）室内陈设的布置部位

① 路面陈设　墙面陈设一般以平面艺术为主，如书、画、摄影、浅浮雕等，或小型的立体饰物，如壁灯、弓、剑等，也常见将立体陈设品放在壁柜中，如花卉、雕塑等，并配以灯光照明，也可在路面设置悬挑轻型搁架以存放陈设品。路面上布置的陈设常和家具发生上下对应关系，可以是正规的，也可以是较为自由活泼的形式，可采取垂直或水平伸展的构图，组成完整的视觉效果。墙面和陈设品之间的大小相比例关系是十分重要的，留出相当的空白墙面，使视觉获得休息的机会。如果是占有整个路面的壁画，则可视为起到背景装修艺术的作用了。

此外，某些特殊的陈设品，可利用玻璃窗面进行布置，如剪纸窗花以及小型绿化，以使植物能争取自然阳光的照射，也别具一格。

② 桌面摆设　桌面摆设包括不同类型和情况，如办公桌、餐桌、茶几、会议桌以及略低于桌高的靠墙或沿窗布置的储藏拒和组合柜等。桌面摆设一般均选择小巧精致、宜于微观欣赏的材质制品，并可按时即兴灵活更换。桌面上的日用品常与家具配套购置，选用和桌面协调的形状、色彩和质地，常起到画龙点睛的作用。如会议室中的沙发、茶几、茶具、花盆等，须统一选购。

③ 落地陈设　大型的装饰品，如雕塑、瓷瓶、绿化等，常落地布置，布置在大厅中央的常成为视觉的中心，更为引人注目，也可放置在厅室的角隅、墙边或出入口旁、走道尽端等位置，作为重点装饰，或起到视觉上的引导作用和对景作用（图5-20、图5-21）。

④ 陈设橱柜　数量大、品种多、形色多样的小陈设品，最宜采用分格分层的隔板、博古架，或特制的装饰柜架进行陈列展示，这样可以达到多而不繁、杂而不乱的效果。布置整齐的书橱书架，可以组成色彩丰富的抽象图案效果，起到很好的装饰作用。壁式博古架，应根据展品的特点，在色彩、质地上起到良好的衬托作用。

⑤ 悬挂陈设　空间高大的厅室，常采用悬挂各种装饰品，如织物、绿化、抽象金属雕塑、吊灯等，弥补空间空旷的不足，并有一定的吸声或扩散的效果，居室也常利用角落悬挂灯具、绿化或其他装饰品，既不占面积又装饰了枯燥的墙边角隅。

第6章　室内设计的风格和流派

6.1　风格的成因与影响

室内设计风格和流派属于室内环境中的艺术造型和精神功能范畴。室内设计的风格包含着建筑、设计、艺术、装饰，甚至包括社会发展和经济发展的历史，同时又涉及构筑建筑内部空间的所有元素。

室内设计风格的形成，是不同的时代思潮和地区的特点，通过创作构思和表现，逐渐发展成为具有代表性的室内设计形式。一种典型风格的形成，通常是和当地的人文因素和自然条件密切相关，又加上了设计者创作的构思和造型的特点。在现代室内环境设计中，设计师与艺术家一样，面临着空间艺术的各种处理手法的运用、空间艺术的各种处理手法的运用，也面临着设计形式与风格的问题。

风格表现于形式，但风格具有艺术、文化、社会发展等深刻的内涵；从这层深层含义来说，风格又不等同于形式。一种风格或流派的形成，它在一定的时期和环境下，能够影响艺术、文化和其他社会因素，并不仅仅局限于一种形式表现和视觉上的感受。在室内设计的过程中，一个设计师不可能会受流行风格的影响，当然也可能以自己的设计形成风格去影响流行。因此，研究室内设计历史上形成的风格与流派，对于设计师把握设计潮流、创造个人风格也是非常重要的。

6.2　室内设计的风格

与室内设计中体现的艺术特色和创作的个性相比，流行风格会包含一定的时间段，涉及的地域也会广一些。

室内设计的风格主要可分为：传统风格、现代风格、后现代风格、自然风格以及混合型风格等。

6.2.1　传统风格

传统风格的室内设计，是在室内布置、线形、色调以及家具、陈设的造型等方面，吸取传统装饰“形”、“神”的特征。例如吸取我国传统木构架建筑室内的藻井天棚、挂落、雀替的构成和装饰，明、清家具的造型和款式待征。又如西方传统风格中仿罗马式、哥持式、文艺复兴式、巴洛克、洛可可、古典主义等，其中如仿欧洲英国维多利亚式或法国路易式的室内装潢和家具款式。此外，还有日本传统风格、印度传统风格、伊斯兰传统风格、北非城堡风格等。传统风格常给人们以历史延续和地域文化的感受，它使室内环境突出了民族文化渊源的形象特征（图6-1）。

6.2.2 现代风格

现代风格，主要是指起源于20世纪20年代前后，以德国包豪斯学派为代表的建筑设计风格。该学派在当时的历史背景下，强调突破旧传统，创造新建筑，重视功能和空间组织，注意发挥结构构成本身的形式美，造型简洁，反对多余装饰，崇尚合理的构成工艺，尊重材料的性能，讲究材料自身的质地和色彩的配置效果，在包豪斯的影响下，当时的欧洲形成了造型简洁，功能合理，发展了非传统的以功能布局为依据的不对称的构图手法。这是一种与现代建筑形体最接近的室内构成手法。建筑设计作风的变革直接影响到室内环境设计的倾向，为了便于机械化施工，与现代工业产品造型作风相协调，简单的矩形、三角形、圆形的室内空间在各地出现，用这种手法处理出来的室内空间，构造简单，空间结构清晰，有一种“机械美”、“结构美”的意味。但这种风格太过强调几何的形式和简洁，空间效果往往缺少“人情味”。虽然它在一段时期内受到过批评，但它具有关注功能的合理内涵，使它一直影响着不少室内设计师。

华裔美籍建筑师贝聿铭擅长设计高层建筑与文化建筑。早年受格罗皮乌斯和密斯·凡·德·罗影响较深，设计了不少具有“密斯风格”的大楼。他擅长在钢筋混凝土中显露才华，并且十分注重与环境的协调呼应。他说：“要是你在一个原有城市中建造，特别是在城市中的古老部分中建造，你必须尊重城市的原有结构，正如织补一块衣料或挂毯一样”。华盛顿国立艺术馆东馆，有现代建筑的新意，又与原有环境紧密协调、相得益彰，是贝聿铭卓越才能的具体体现。

6.2.3 后现代风格

后现代主义是一次最早出现在西班牙作家德·奥尼斯1934年的《西班牙与西班牙语类诗选》一书中，用来描述现代主义内部发生的逆动，特别有一种对现代主义纯理性的逆反心理，即为“后现代主义设计风格”。这种设计手法可视为对“现代主义”风格倾向的反动。后现代风格强调室内空间的表现性和个性，强调建筑及室内装潢应具有历史的延续性，但又不拘泥于传统的逻辑思维方式，执著追求地方特色或者在室内空间中再现有典型性的历史场景，十分注重利用非工业化材料和非标准化构件来构成个性鲜明的室内空间。这一风格探索创新造型手法，讲究人情味，常在室内设置夸张、变形的柱式和断裂的拱券，或把古典构件的抽象形式以新的手法组合在一起，即采用非传统的混合、叠加、错位、裂变等手法和象征、隐喻等手段，以期创造一种融感性与理性、集传统与现代、揉大众与行家于一体的建筑形象与室内环境（图6-4）。后现代主义的设计风格是一种复杂的文化现象，并不能仅仅以所见到的视觉形象来评价，需要我们透过形象从设计思想来分析。后现代风格的代表人物有P.（P. Johnson）、R·文丘里、M.格雷夫斯（M.Graves）等。

6.2.4 自然风格

自然风格倡导“回归自然”，美学上推崇“自然美”，认为在当今高科技、快节奏的社会生活中，只有崇尚自然、结合自然，才能在当今高科技、高节奏的社会生活中，使人们能取得生理和心理的平衡。为了达到室内设计中的这种平衡，室内设计中多用木料、织物、石材等天然材料，显示材料的纹理，清新淡雅。此外，由于其宗旨和手法的类同，也可把田园风格归入自然风格一类。田园风格在室内环境中力求表现悠闲、舒畅、自然的田园生活情趣，也常运用天然木、石、藤、竹等材质质朴的纹理。巧于设置室内绿化，创造自然、简朴、高雅的氛围。此外，也有把20世纪70年代，砖墙瓦顶的英国希尔顿市政中心以及耶鲁大学教员俱乐部，称为“乡土风格”或“地方风格”，也称“灰色派”。他们反对千篇一律的国际风格，室内采用木板和清水砖砌墙壁、传统地方门窗造型及坡屋顶等（图6-2）。

追求室内空间朴素的自然风格是现代室内环境设计活动中很值得研究的创作手法。所谓的朴素的自然设计风格是现代工业产品、工业材料与原始、自然材料的结合，是现代构造技术与粗犷的构成手法相结合的产物。这种朴素、自然的设计风格造就了接近自然、宜于人们生存的室内空间环境。

6.2.5 高技风格

讲究技术美的室内空间设计也是一种颇有生气、不同凡响的设计手法。室内设计中的“高技风格”主要受建筑设计中“高技风格”的影响，它以崇尚现代技术与机械为其美学特征，设计上突出当代工业技术的成就，并在建筑形体和室内环境设计中加以炫耀，强调工艺技术和时代感。这一风格的典型实例为法国巴黎的蓬皮杜展览中心及香港的中国银行楼等。高技风格的设计以暴露建筑的梁板、网架等结构部件及风管、线缆等各种设备和管线为基本特征（图6-3）。

6.2.6 混合型风格

近年来，建筑设计和室内设计在总体上呈现多元化、兼容并蓄的状况。室内布置中有既趋于现代实用，又吸取传统的特征，在室内陈设中融古今、中西于一体，例如传统的屏风、摆设和茶几，配以现代风格的墙面及门窗装饰、新型的沙发；欧式古典的琉璃灯具和壁面装饰，配以东方传统的家具和埃及的陈设、小品等。混合型风格虽然在设计中不拘一格，运用多种风格，但设计中仍然是独具匠心，深入地推敲形体、色彩、材质等方面的总体构图和视觉效果，可以让我们收获另一番体验（图6-4）。

6.3 室内设计的设计流派

流派，这里是指室内设计的艺术派别。20世纪以后，室内设计流派日增，这是设计师思想活跃的表现，也是室内设计发展进步、并由动荡走向新阶段的必然过程。室内设计流派在很大程度上与建筑设计的流派相呼应，在思想脉络、表现形式和基本手法上有许多相似之处，但也有一些流派为室内设计所独有。介绍和研究设计流派的目的不是为了照搬照抄，而是要追寻产生这些流派的历史背景，分析各种流派的曲直，揭示各种流派的实质。取其精华、去其糟粕，从比较鉴别中探求正确的设计思想和创作原则。

从现代室内设计所表现的艺术特点来分析，主要有：风格派、白色派、高技派、光亮派、新洛可可派、超现实派、解构主义派、装饰艺术派。

6.3.1 风格派

风格派起源于20世纪20年代的荷兰，以画家蒙德里安、设计师兼理论家凡・杜斯堡和设计师格力特・里特维尔德等为代表的艺术流派。他们强调"纯造型的表现"，把生活环境抽象化。他们设计的家具和对室内的装饰通常采用简单几何形体的抽象形式以及红、黄、青三原色，间或以黑、白、灰等色彩相配置。风格派的室内设计，在色彩和造型技术方面都具有极为鲜明的特征和个性（图6-5）。

对水平和垂直的强调以及原色体系都给房屋内外带来视觉上的统一协调感。风格派的建筑与室内常以几何方块为基础，对建筑室内外空间采用内部空间和外部空间相互穿插统一构成为一体的手法，并以屋顶、墙面的凹凸和强烈的色彩对体块进行强调。

6.3.2 白色派

白色派的室内各界面以至家具等常以白色为基调，室内朴实无华，简洁明朗，例如美国建筑师R・迈耶设计的史密斯住宅。若只有白色，整个室内空间往往单调、乏味，缺少必要的活力，然而，白色派的室内，并不仅仅停留在简化装饰、选用白色等表面处理上，而是具有更为深层的构思内涵，设计师在室内环境设计时，是综合考虑了室内活动着的人以及透过门窗可见的变化着的室外景物（例如中国传统园林建筑中的"借景"），这就打破了室内空间的平淡。由此，从某种意义上讲，室内环境只是活动场所的"背景"，从而在装饰造型和用色上不作过多渲染（图6-6）。

6.3.3 高技派

高技派又称重技派。活跃于20 世纪50年代末至70年代初，在许多国家具有相当的影响。空内设计中的高技派与建筑设计中的高技派一样，强调反映工业技术的成就，着力表现所谓"工业美"或称"机械美"，多用高强钢、硬铝、塑料等新型轻质高强材料，提倡系统设计和参数设计，喜欢高效灵活、拆装方便的体系。他们常用的设计手法是暴露结构、设备和管道，使用红、黄、蓝等彩度较高的颜色（图6-7）。

高技派作品中最为轰动的是1976年在巴黎建成的蓬皮杜国家艺术与文化中心。这个包括现代艺术博物馆、公共情报图书馆、工业设计中心和音乐研究所的六层楼，不仅暴露着结构管道和设备，就连自动扶梯也是透明的。

高技派有两种不同的倾向，一是强调技术的精美，二是强调结构的厚重。前者多用金属结构，在光亮坚硬的质感等方面寻求表现力，后者多用混凝土结构，并有意将庞大的体量，粗糙的表面表现出来。设计者着力表现的是结构的合理性和可靠性，是混凝土粗糙表面和整个空间的韵律感。高技派的这样一种倾向，有人专称为“粗野主义派”。

6.3.4 光亮派

光亮派也称银色派，盛行于20世纪六七十年代。其主要特点是注重空间和光线，室内空间宽敞、连贯，构件简洁，界面平整，往往在室内大量采用镜面及平曲面玻璃、不锈钢、磨光的花岗石和大理石等作为装饰面材，在室内设计中常以夸耀新型材料及达到现代加工工艺的精密细致及光亮效果（图6-8）。

6.3.5 新洛可可派

新洛可可派又称“繁琐派”，原为18世纪盛行于欧洲宫廷的一种建筑装饰风格，它是贵族生活日益腐化堕落、专制制度已经走上末路的反映。以精细轻巧和繁琐的雕饰为特征，极尽装饰之能事。新洛可可仰承了洛可可繁琐的装饰特点，但装饰造型的“载体”和加工技术却运用现代新型装饰材料和现代工艺手段，从而具有华丽而略显浪漫、传统中仍不失有时代气息的装饰氛围（图6-9）。

新洛可可派与光亮派在追求装饰效果方面与洛可可派是一样的。不同的是，它们不强调附加东西，而强调利用现代科学技术提供的可能性，反映现代工业生产的特点，即用新的手段去达到“洛可可”派想要达到的目的。他们大量使用表面光滑和反光性极强的材料，如不锈钢、铝合金、镜面玻璃、磨光的花岗岩和大理石等；他们十分重视灯光的效果，特别喜欢采用灯槽和反射板；还经常选用色彩鲜艳的地毯和款式新颖的家具，以制造光彩夺目、豪华绚丽、人动影移、交相辉映的气氛。

6.3.6 超现实派

超现实派又称非现实派。其基本倾向是追求所谓的超现实的纯艺术。在室内设计中，常采用异常的空间组织，曲面或具有流动弧形线型的界面，浓重的色彩，变幻莫测的光影，造型奇特的家具与设备，他们力图在有限的空间内，创造一个“无限的空间”，并喜欢利用多种手法创造一个现实世界中并不存在的世界。在室内布置中有时还以现代绘画或雕塑来烘托超现实。超现实派的室内环境较为适应具有视觉形象特殊要求的某些展示或娱乐的室内空间（图6-10）。

6.3.7 解构主义派

解构主义是20世纪60年代开始刚出现的一种新思潮，以法国哲学家J·德里达为代表所提出的哲学观念，是对结构主义和理论思想传统的质疑和批判，具有较强烈的开拓意识，并以其激进、甚至是破坏性的思想及理论，尝试从根本上动摇或推翻传统建筑文化体系。因而他们的理论和实践难以被人理解，并引起人们的争议。

建筑和室内设计中的解构主义派对传统古典、构图规律等均采取否定的态度，强调不受历史文化和传统理性的约束，是对结构解体的再构成，突破传统的形式构图，用材粗放的流派（图6-11）。

6.3.8 装饰艺术派

装饰艺术派起源于20世纪20年代法国巴黎召开的一次装饰艺术与现代工业国际博览会，后传至美国等各地，装饰艺术派善于运用多层次的几何线型及图案，重点装饰建筑内外门窗线脚、檐口及建筑腰线、顶角线等部位（图6-12）。

装饰艺术派的特征是：形成独特的色彩系列（鲜红、鲜蓝、橘红及金属色）、来自古典主义的灵感；光滑表面的立体物，热衷于使用异国情调如埃及等古代装饰风格、昂贵的材料及重复排列的几何纹样。近年来一些宾馆和大型商场的室内，对于既具有时代气息，又有建筑文化的内涵考虑，常在现代风格的基础上，在建筑细部饰以装饰艺术派的图案和纹样。

当前社会是从工业社会逐渐向后工业社会或信息社会过渡的时候，人们对自身周围环境的需要除了能满足使用要求、物质功能之外，更注重对环境氛围、文化内涵、艺术质量等精神功能的需求。室内设计不同艺术风格和流派的产生、发展和变换，既是建筑艺术历史文脉的延续和发展，具有深刻的社会发展历史和文化的内涵，同时也必将极大地丰富人们与之朝夕相处活动于其间时的精神。

第7章 室内交通联系空间的室内设计

空间组织是室内设计的重要内容，也是完成整个内部环境设计的基础。从某种意义上说，空间组织的失败是很难用其他办法弥补的，即便有办法弥补，也未必能从根本上解决问题。反过来说，空间组织合理，内部环境设计的其他工作就有了可靠的依托，即使出现一些问题也容易改正和解决。

空间组织的内容很广，既涉及单个空间的问题，如单个空间的形状、尺度、比例、开敞与封闭的程度，又涉及若干个空间相组合时的过渡、衔接、统一、对比、形成序列等问题。本书重点介绍空间的形成、空间的类别、空间的形体、空间的分隔、空间的利用和空间的动势等。

任何一幢建筑都需要有水平或垂直交通，并在室内空间形成一条交通流线或网络，有时是有形的，房间和交通部分分隔相当明显，通常称为走道式；有时是无形的，分隔并不明显，交通线路融合在厅室之中，通常称为套间式，但可根据家具布置和活动规律加以分析和辨认交通集中的地方，常称为交通枢纽，或交通中心．一般位于建筑的中心地带。对高层建筑来说，更有其特殊要求，在结构上常称为核心筒体，成为高层建筑设备核心区。交通联系空间的布置和组织是否合理，直接影响到安全性、舒适性、经济性和形象性。

（1）安全性

在设计交通系统时，首要的任务是应有高度的安全意识，特别是对群众聚集量大的厅室和高层建筑更应严格按国家消防规范进行设计，以确保在一旦失火等非常时期，群众能在规定时间内顺利地迅速疏散。消防台报系统和灭火排烟系统及时启动运作，管理人员能有效控制和指挥现场，避免生命和财产的损失。交通系统应和其他房间相互协调、配合，组成一个统一的有机整体．良好的交通系统或网络都是十分简捷明了的。

交通的安全性还包括：各种流线不交叉，楼梯踏步按人体工学要求设计，以及恰当的照度和地面防滑等措施。

（2）方便舒适性

交通的舒适性包括应有足够的活动空间、良好的采光和合理的照度。

电梯的容量和数量应能在高峰时不致拥挤，并有一定的休息等候场所，上下楼层时不必频繁转换楼梯和远绕而行，避免通过枯燥乏味的狭长空间。在运行过程中，尽可能组织良好的交通景观，提供开阔的视野和优美的环境，使人们在运行时能带来心情舒畅、心旷神怡的感受。

（3）经济性

在设计规范中对每类建筑的楼梯数量、距离、宽度等均有规定，必须遵守。但在此条件下应尽可能减少不必要的浪费，这不但意味着对交通面积本身的控制，而且涉及其他的布置方式，即应对有形的和无形的交通路线加以研究分析，这就必然要涉及具体的室内家具等布置，否则不易察觉，这一点，在设计中应予以充分注意，室内设计之所以重要，在这里就显得格外明显。在许多设计实践中，由于在建筑设计时没有对室内的家具布置和交通路线关系予以充分的考虑，给以后使用时带来麻烦，甚至造成不可弥补的损失。例如在设计中因出入口和门窗位置不当，房间不好使用；因楼梯位置不合理造成交通迂回曲折，浪费较多的使用面积等。在当前我国大中城市中重要的黄金地段商业性营业面积售价高达数万元每平方米，因此合理节约交通面积的经济价值是不言而喻的。

（4）艺术性——形象的塑造

交通系统中包括门厅、廊道、楼梯、电梯、自动扶梯以及具有交通作用的中庭，活跃的交通运行又如生命的搏动，现代化的自动扶梯和露明电梯，使空间充满活力。富有动态的楼梯造型使空间静中有动，它们除了负担交通功能使空间充满生气，还达到了功能性和观赏性、技术性和艺术性的统一。

室内交通系统设计的优劣常成为室内空间成败的主要因素，其处理手法和方式常体现建筑的个性，或成为某种独特风格的重要标志。

为了达到上述目的，在交通联系空间的装饰设计上，应特别强调标志性、区分不同楼层，用不同的图案标志、陈设来加强引导和识别场所和方向等。

7.1 门厅

7.1.1 门厅的功能与作用

不同建筑类型和不同地区，对门厅有不同的要求，作为纯交通性的门厅，一般来说可以压缩至符合疏散要求的程度即可。兼有休息和其业务的门厅，必须考虑留出不受交通干扰和穿越的安静地带，并创造开敞明朗宜人的停留空间。艺术性要求较高的重要公共建筑门厅的空间尺度，除了考虑功能需要外，还应符合美学的要求。

门厅作为进入建筑的起点，它除了担负着组织交通的枢纽作用外，作为空间的起始阶段，其空间形状、大小、比例、方向，除按本身功能要求外，还应作为整个空间序列的有机组成部分来考虑。

门厅入口的景观分析有助于建立获得第一印象的重要意义和室内空间艺术形象更完善的表达。门厅入口立面的虚实、高低、大小、比例的研究，有助于对外部造型的艺术形象的处理。因此门厅的设计特点就在于内外兼顾、室内空间与外部体量并举。

7.1.2 门厅的位置及形式

门厅的形式，根据具体情况有不同的处理方法，主要有三种类型：

① 有明确的界定，具有独立的空间——独用门厅；

② 与其他厅室的使用功能相结合——合用门厅（多用门厅）；

③ 具有多层次的门厅组织。

具有明确界面的门厅，常有一定的形状，如方、圆、矩形等，因此在室内设计时对地面、顶棚、墙面装修以及灯具、家具布置等，相对比较独立，较易处理。门厅和其他使用空间相结合成为统一的空间，彼此之间常设有十分明确的界定，功能多样，布置分散，在处理顶棚、地面、灯具等方面，要复杂一些，这时也可通过地面或顶棚的变化，如升高或降低等方法．在统一空间中，作为相对的界定，分别处理，或许要容易一些。多层次门厅，在北方常由于天气寒冷，公共大门经常处于被开启的状况，影响室内保温；或者由于建筑功能组织和立面造型统筹考虑的结果造成的，需要再增加一个层次。凡此种种均须按实际情况进行区别对待。

由于门厅有较大的可塑性，特别和立面、入口的处理关系十分密切，因此，也常根据立面造型的需要，加以进一步调整（图7-1）。

7.2 中庭

7.2.1 中庭的功能与作用

我国传统的院落式建筑布局，其最大的特点是形成具有位于建筑内部的室外空间即内庭，这种和外界隔离的绿化环境，因其清静不受干扰而能达到真正的休息作用。庭院居中，围绕它的各室也自然分享其庭院景色，这种布局形式，在现代建筑中还常运用，现代中庭吸取了这个优点并有了进一步的发展，波特曼式的共享空间，就是中庭中最具代表性的创造。

中庭式共享空间的基本特点在于：

① 根据人的心理需要，来创造相应的空间环境。在人的生活中，需要有相对变化的不同环境，这种环境变化更有特色，就更能吸引人。所谓露明电梯，人看人，大空间，就是因为和日常所见有所不同。

② 室内外结合，自然与人工相结合。社会愈高度发达，自然显得更具可贵，人工材料愈多，天然材料更觉宝贵。经常在现代化餐厅用餐的人，觉得野餐更有味道。人们对自然的偏爱是有天性的，这种天性的向往，在发达社会中更显得突出，中庭中设置的较大规模的山水、树木花草、水池、流泉，使人觉得与自然更为接近。高大的玻璃幕墙，足以望至天边，在这里可以洗涤社会中的污浊，净化心灵，得到自然的陶冶和美的享受。

③ 共性中有个性。作为社会的人，有共同生活的愿望和习惯，因此交谈、社交同乐，喜欢热闹，使个人融化在群众的欢乐之中，这是一个方面。但同时也需要有个人的活动，需要私密感，在不同的情况下，可以找到适合于自己的空间环境。在共享空间中布置了多种环境，如小岛可作为集体，也可作为个人来享用。

④ 空间与时间的变化，静中有动。完全静止的空间，不会有生气，经常处于动乱中也会感到烦恼。露明电梯的徐徐升降，混混流水，车间多种形态的变化，光线、照明的变幻，都使静止的建筑具有动感，坐着的人感到充满活力与生机。多层次的空间，提供了变

化多端俯视景观的变化情趣。

⑤ 宏伟与亲切相结合。中庭的高大尺度，巨大的空间并不使人望而生畏，因为在那里有很多小品的点缀和绿化的打扮，大空间里包含小空间，所有这一切都起到柔化和加强抒情的作用，从而使人感到既宏伟又亲切，壮美和柔美相结合。

不一定需要所有的中庭都变成共享空间，或者都成为一种模式。但中庭的特点，确实在许多建筑中广泛流传，甚至也涉及住宅。

从许多例子可以看出，门厅、休息、中庭三位一体的发展趋势，将这三者结合起来，有许多客观因素：

① 门厅是一切建筑出入的必经之地，也是唯一的公共活动区域，如果创造更好的休息条件，人人都便于享用，从而也对旧式纯交通工具门厅，在环境观感上有很大的改善和进步。

② 门厅一般位于底层，与室外有紧密的联系，对室外织染的引进（如水、绿化等）极为方便，而且水的排除也便利。

③ 对扩大经营小卖、饮料、商品陈列、茶座等为休息服务的各种业务，显然门厅的对内外联系的方便，在营业和管理上都带来有利的条件。

④ 门厅和休息部分结合，在空间上相对扩大，也有利于消防和疏散。

⑤ 现在对环境的要求愈来愈高，而门厅处于入口第一印象的地位，改善它的环境更具有特别的意义。

因此，在一定的条件下，考虑上述有利因素占主导地位，把三者结合起来是无可非议的。

7.2.2 中庭的位置及形式

中庭在现代建筑中具有多种形式．它有以下几个主要特点：

① 常有相同多层的高大空间；

② 常作为该建筑的公共活动中心或共享空间；

③ 常布置绿化、休息坐椅等以及中心景点；

④ 常成为交通中心，或与交通枢纽有密切的联系；

⑤ 它也可以是多功能的（可以进行多种形式活动），也可以是比较单一的。

独立式中庭，与门厅虽毗连但明显分隔成两个空间，距主要交通枢纽也较远，如上海宾馆。

中庭与主要交通枢纽结合在一起。如北京丰泽园饭店，同门厅直接联系，与电梯及楼梯十分接近。

中庭对改善建筑环境，鼓励人们接近自然，促进人际交往，丰富室内空间和多样性活动，起着重要的积极作用，也是进一步继承和发展我国庭院式建筑的重要途径。随着建筑层数的增多，高层建筑的出现，传统的“落地式”庭院，必然进一步发展为“高空式”庭院，而且应该逐渐从少数的饭店、宾馆、大型公共建筑的中庭，推广到和人民生活更为密切的大量的公共建筑中去。

7.3 楼梯、自动扶梯、电梯厅

共同的布置特点是，布置在入口易见的地方，和对外出入口有较为紧密的直接的联系。

自动扶梯常和楼梯布置在一起，这样不但平面比较简捷，也节约面积，而且在停电时人流的组织不至混乱。

电梯主要用于高层建筑中，常和疏散楼梯结合在一起，组成高层建筑所特有的核心体，作为建筑的交通枢纽。

7.3.1 楼梯

楼梯在平时作为垂直交通，在紧急时是主要疏散通道，因此必须按设计规范进行设计。

楼梯的功能和多种处理方式，使其在建筑空间中有着特殊的造型和装饰作用。一般有开敞式和封闭式两种，并有不同的风格和形态，如庄重型或活泼型，对称式或自由式。也常作为空间分隔和空间变化的一种手段（图7-2)。

开敞式楼梯可以在空间中创造多层次的不同位置，为人们带来流动变化的景观。在适当位置，可扩大楼梯平台，为人们提供良好的休息场所。

楼梯以其特殊的尺度、体量，变化的空间方位，丰富多样的结构形式和可塑性的装修手段，在许多建筑造型和室内空间处理中，起着极其重要的作用。

楼梯前的台阶常作为楼梯的空间延伸而引人注目，起到引导的作用。

楼梯在中西方不同历史时期，都具有不同的传统做法，因此也常代表每一时期的风格。

7.3.2 自动扶梯

据说在商场中，营业额随楼层的升高而减少，因此，自动扶梯现在各大商场、酒店已非常普遍。安全、方便、迅速、省时、省力是自动扶梯的主要特点，此外，从乘客的心理上说，开敞的自动扶梯要比密闭中的电梯精神上要更自在得多，更有安全感，因为在电梯中作案的事例和技术上的故障时有发生，各位乘客常备戒心而心情紧张。

据有经验的经营者说，布置在正对着自动扶梯上来的营业柜台要比布置在其他位置的营业柜台营业额要高得多。由此可见，自动扶梯除作为运行工具外，还有其不易看得见的作用。设计者在布置时，应予以细心的考虑。

为了吸引路上行人，在北京、上海等繁华的商业区，还有设在人行道边的室外自动扶梯，使行人能直接由街道上便利地到达商场每个楼层。

自动扶梯常和楼梯并置在一起，此外还有采取双排式和剪刀式布置方式。

正对自动扶梯，常布置对景，以加强视线的引导和增进空间的庄重感。

7.3.3 电梯厅

乘电梯的目的是希望比走楼梯快而省力得多，因此欲乘电梯行，都是有比较急切的心情，希望更快地到达目的地，所以在电梯厅内停留等候的时间一般较短，设计者没有必要去扰乱顾客的心情。

此外，双排或单排的电梯厅面积一般均按规范要求确定，空间很有限，因此在装饰上，大都比较简捷，不需要过多的装饰，更没有什么陈设，特别是影响交通的东西。但作为公共进入的必经之地，常用坚固耐用、美观的材料，如花岗石、大理石、不锈钢等。

露明电梯能使人的视线从密闭箱中解放出来，获得随运行时观赏变化景观的作用，因此又称景观电梯。

以苏州工业园区市场大厦为例（图7-3 ～图7-5）。

第8章 居住建筑室内设计

衣、食、住、行是我们生活的基本要素，安排好吃、穿之余，人们开始把家庭投入转向改善室内居住环境和家庭生活的质量，希望有一个舒适恬静的家。

现实情况是设计者或住户自身，对居室的室内设计都必将考虑到下述因素，即：

① 家庭人口构成（人数、成员之间关系、年龄、性别等）；

② 民族和地区的传统、特点和宗教信仰；

③ 职业特点、工作性质（如动、静、室内、室外、流动、固定等）和文化水平；

④ 业余爱好、生活方式、个性特征和生活习惯；

⑤ 经济水平和消费投向的分配情况等。

总的来说，确保安全，有利于身心健康，具有一定的私密要求是住宅居室室内设计与装饰的前提（例如不能损伤原有结构构件，防止装饰物下坠，防止滑倒，栏杆的牢固可靠和防止门窗夹手，避免装饰物尖角、锋口的出现，煤气装置、电气设施的安全可靠，采用无污染、不散发有害气体的装饰涂料，必要的视线遮挡和隔声要求等）。

居室的物质和精神功能应为舒适方便、温馨恬静，并以符合住户和使用者的意愿，适应使用特点和个性要求为依据，对设计者要求能以多风格、多层次、有情趣、有个性的设计方案来满足不同住宅类别（例如多层工业厂房，高层公寓，独立、并列并联式住宅、别墅等）、不同居住标准和不同住户经济投入对多种类型、多种风格的室内居住环境的要求。

8.1 设计要求与措施

8.1.1 使用功能布局合理

住宅的室内环境，由于空间的结构划分已经确定，在界面处理、家具设置、装饰布置之前，除了厨房和浴厕，由于有固定安装的管道和设施，它们的位置已经确定之外，其余房间的使用功能，或一个房间内功能地位的划分，需要以住宅内部使用的方便合理作为依据。

住宅的基本功能不外乎睡眠、休息、饮食、盥洗、家庭团聚、会客、视听、娱乐以及学习、工作等。这些功能相对地又有静—闹、私密—外向等不同特点，例如睡眠、学习要求静，睡眠又有私密性的要求，满足这些功能的房间或位置（如卧室、学习室，或一个房间中的睡眠和学习的地位），应尽可能安排在里边一些，设在“尽端”，以不被室内活动串通；又如团聚、会客等活动相对地闹些，会客又以对外联系方便较好。这些房间或活动部位应靠近门厅、门内走道等。此外，厨房应紧靠用餐厅，卧室与浴厕贴近，这样使用时较为方便。合理的功能布局是住宅室内装饰和美化的前提。

8.1.2 风格造型通盘构思

这里先举一个家庭室内设计与装饰不易成功的例子，例如有一家四口人，事先没有一起商量，也就是没有通盘的构思，四人分头买了家具、窗帘、地毯、灯具、床罩和壁挂等，尽管这些都是他们各自认为最为理想的物品，但是在室内放在一起，可以肯定地说，十有八九不会形成一个统一的、美观的室内环境，其原因是对家庭的室内环境与装饰缺乏通盘构思。

构思、立意（Idea），可以说是室内设计的“灵魂”。室内设计通盘构思，是说打算把家庭的室内环境设计装饰成什么风格和造型特征，在动手装饰之前，需要从总体上根据家庭的职业特点、艺术爱好、人口组成、经济条件和家中业余活动的主要内容等作通盘考虑。例如，是富有时代气息的现代风格，还是显示文化内涵的传统风格；是返朴归真的自然风格，还是既具有历史延续性，又有人情味的后现代风格；是中式的，还是西式的。当然也可以根据业主的喜爱，不拘一格融东西方于一体混合的艺术风格和造型特征，但是都需要事先通盘考虑，即所谓“意在笔先”。先有一个总的设想，然后才着手地面、墙面、顶面怎样装饰，买什么样式的家具，什么样的灯具以及窗帘、床罩等室内织物和装饰小品。

应该指出，家庭的室内设计与装饰主要是根据住户和使用者的意愿和喜爱，从当前大部分的城市住宅面积标准还不高，工作又较紧张，生活节奏快，有经济负担等多种因素考虑，家庭的室内装饰仍以简捷、淡雅为好。因为简捷、淡雅有利于“扩展”空间，形成恬静宜人、轻松休闲的室内居住环境，这也是居室室内环境的使用性质所要求的。当然，家庭和个人各有爱好，住宅内部空间组织和平面布局有条件的情况下，空间的局部或有视听设施的房间等处，在色彩、用材和装饰方面也可以有所变化。一些室内空间较为宽敞、面积较大的公寓、别墅则在风格造型的处理手法上，变化可能性更为多一些，余地也更大一些。

8.1.3 色彩、材质协调和谐

住宅室内的基本功能布局恰当，又有了一个在造型和艺术风格上的整体构思，然后就需要从整体构思出发，设计或选用室内地面、墙面和顶面等各个界面的色彩与材质，确定家具和室内纺织品的色彩与材质。

色彩是人们在室内环境中最为敏感的视觉感受，因此根据主体构思，确定住宅室内环境的主色调至为重要。例如是选用暖色调还是冷色调，是对比色还是调和色，是高明度还是低明度等。

住宅室内设计与装饰中的色彩，可以根据总的构思要求确定主色调，考虑不同色彩的配置和调配。例如选用高明度、低彩度、中间偏冷或中间偏暖的色调或以黑、白、灰为基调的无彩体系，局部配以高彩度的小件摆设或沙发靠垫等。

住宅室内各界面以及家具、陈设等材质的选用，应考虑人们近距离长时间的视觉感受，甚至可以与肌肤接触等特点，材质不应有尖角或过分粗糙，也不应采用触摸后有毒或释放有害气体的材料。从人们的亲切自然感，或者说人与室内景物的“对话”角度考虑，在家庭居室内，木材、棉、麻、藤、竹等天然材料再适当配置室内绿化，始终具有引人的魅力，容易形成亲切自然的室内环境气氛，当然住宅室内适量的玻璃、金属和高分子类材料，更能显示时代气息。

色彩和材质、色彩和光照都具有极为紧密的内在联系，例如不同种的木质，都各自具有相应的色、相、明暗和持有纹理的视觉感受，它们相互之间很难分离开，正如玻璃的明净、金属的光泽一样，材料特有的色彩、光泽和纹理即为该材质的属性，这对天然材料尤为突出；色彩和光照同样具有相应的联系，例如在低色温、暖光色的光源照射下（如为2800瓦的白炽灯），被照物体均被一层浅浅的暖色黄光所覆盖，相反如被高色温、冷光色的光源照射下（如为6500瓦的荧光灯），则被照物体有如被一层青白色的冷光所覆盖，这些因素在设计与选用色彩、材质时均应细致考虑。

在住宅室内空间的环境中，选用合适的家具，常起到举足轻重的作用。家具的造型款式、家具的色彩和材质都将与室内环境的实用性和艺术性相关。例如小面积住宅中选用清水亚光的粗木家具，辅以棉麻类面料，常使人们感到亲切淡雅；色彩的选择，与室内设计的风格定位有关，例如室内为中式传统风格，通常可用红木、榉木或仿红木类家具，色彩为酱黑、棕色或麻黄色（黄花梨木），壁面常为白色粉墙，室内环境即属家具与墙面的明度高对比布局。

室内为西式传统，如路易式时，则家具可用装饰纹样适当“淡化”的洛可可风格，色彩常为白色，镶嵌或捆以金色细线纹样。

8.1.4 突出特点 利用空间

住宅的室内尽管空间不大，但从功能合理、使用方便、视觉愉悦以及节省投资等几方面综合考虑，仍然需要突出装饰和投资的重点。进入口的门口、门厅或走道尽管面积不大，但常给人们留下第一印象，也是回家后首先接触的室内，宜适当从视角和选材方面予以细致设计。起居室是家庭团聚、会客等使用最为频繁、内外接触较多的房间，也是家庭活动的中心，室内地面、墙面、顶面各界面的色彩和选材，均应重点推敲进行设计。如长条硬木企口地板对居室是较为舒适的铺地材料；墙面在小面积住宅中，很大一部分将由家具遮挡，且面积较大，通常也不必采用大面积的木装修或饰面装饰材质；住宅的平顶更应平整简洁，一般情况可从现代家庭的实际使用效果来衡量，资金的投入应重点保证厨房和浴厕的设施，以及易于清洁和防潮的面层材料，排油烟器、热水器等是防污和卫生所必需的设施，在有限的资金投入中，厨房、厕浴间的设施应予以保证，这将有效地提高居住的生活质量。

由于住宅一般面积较小，布局紧凑，因此在门厅、厨房、壁橱等应充分利用空间，在必要时某些家具也可兼用或折叠，走道以至部分居室靠墙处可以适当设置吊柜，如沙发床、白天可翻起的床、翻板柜面的餐桌等。

一些面积较宽敞，居室层次也较高的公寓或别墅类住宅建筑的室内，其重点部位仍应是起居室、门厅、厨房、厕浴间等。各个界面的设计，由于空间较大，层次较高，在造型、线脚、用材等方面，根据不同风格的要求，可以比面积紧凑住宅的处理手法丰富而富有变化，如部分交通联系，面积可适当选用硬质地砖类材料，场面可以设置木墙裙（即护壁），起居室、餐厅等的顶棚也可设置线角或灯槽，卧室墙面可作织物软包等。

8.2 起居室、餐室与卧室

住宅建筑一进门，从功能分析需要有一个由户外进入户内后的过渡空间，主要功能为雨天存放雨具或脱挂雨衣、脱挂外套或大衣。有的住户习惯进入户内后换鞋，也有需要在进门处存放一些包袋等小件物品的空间。小面积住宅常利用进门处的通道或由起居室入口处一角作适度安排（面积有1.4～2.4m^2即可）。一些面积较宽敞的居住建筑，如公寓、别墅类住宅，常于入口处设置单独的门斗、前室或门厅，这一空间内通常需设置鞋柜、挂衣架或衣橱、储物柜等。单独设置的空间还应考虑合适的照明灯具，面积允许时也可放置一些陈设小品和绿化等，使进门后的环境留下良好的第一印象。地面材质以易清洁耐磨的同质陶瓷类地砖为宜。

8.2.1 起居室

起居室是家人团聚、起居、休息、会客、娱乐、视听活动等多种功能的居室，根据家庭的面积标准，有时兼有用餐、工作、学习，甚至局部设置兼具坐卧功能的家具等，因此起居室是居住建筑中使用活动最为集中、使用频率最高的核心室内空间，在住宅室内造型风格、环境氛围方面也常起到主导的作用。

起居室平面的功能布局，基本上可以分为：一组配置茶几和低位座椅或沙发组成的谈话、会客、视听和休闲活动区；其次即为联系入口和各类房间之间的交通面积，应尽可能使视听、休闲活动区不被穿通。为使布局疏密有致，通常沿墙一侧可设置低柜或多功能组合柜，再适当配置室内绿化和壁饰、摆件等陈设小品。标准较高的起居室可配置成套室内家具，其设置的位置也有较大余地。根据住宅的总体面积和分室条件，有时在起居室需兼有用餐或学习等功能，则应于房间的近厨房处设置餐桌，学习桌或伏案工作应尽可能设置于房间的尽端或一隅，以减少干扰。

起居室家具的配置和选用，在住宅室内氛围的烘托起到极为重要的作用，家具从整体出发应与住宅室内风格协调统一。

起居室内除必要的家具之外，还可根据室内空间的特点和整体布局安排，适当设置陈设、摆件、壁饰等小品。室内盆栽或案头绿化常会给居室的室内人工环境带来生机和自然气息。

起居室的室内空间形状，主要是由建筑设计的空间组织、建筑形体结构构成、经济性等基本因素确定，通常以矩形、方形等规正的平面形状较为常见，当住宅形体具有变化、造型具有特征，或结合基本地形等多种因素，则非直角、非规正，甚至多边形等平面与相应空间形状的后室均可能出现，这时常给起居室的室内空间带来个性与特色。低层独立式的别墅类住宅，较有可能形成较有个性的起居室空间形状，但非直角或多边形的平面，适宜于面积稍大、较为宽敞的起居室。小面积带锐角的平面，不利于室内家具的布置，当然直视正平面的起居室，通过墙面、隔断、平顶等界面的处理，也可以在空间形状上有一定的变化。

起居室室内地面、墙面、顶棚等各个界面的设计，风格上需要与总体构思一致，也就是在界面造型、线脚处理、用材用色等方面都需要与整体设想相符。起居室环境氛围的塑造，空间与界面的设计，是形成室内环境氛围的前提与基础。

起居室界面的选材，地面可用条木企口地板、层压地板或陶瓷地砖。地砖易清洁，但质硬，热传导系数大，冬季长时间与腿脚接触会感到不适，可于地砖面上局部铺设地毡或地毯，以改善其性能。墙面通常可用乳胶漆、墙纸或木台度（护壁）。根据室内造型风格需要，也可以把局部墙面处理或仿石、仿砖等较为粗犷的面层，适当配以绿化，使其具有田园风格或自然风格的氛围。起居室的顶棚，如层次不高，房间面积不大时一般不宜做复杂的花饰，只需在墙面交接处钉上顶角线，或置以较为简捷的顶棚线脚即可，通常顶棚可喷白或刷白，对层次较高、面积宽敞的起居室，为使房间不显单调，顶棚可适当加以造型处理，但仍需注意与整体氛围的协调，起居室灯具可用具有个性的吊灯，沙发座椅边可设置立灯，较为宽敞的起居室也可适当设置壁灯，由于住宅的使用性质及室内空间尺度等因素，灯具的选用也不宜采用宾馆型的复杂、华丽的大型灯具（图8-1、图8-2）。

8.2.2 餐室

餐室的位置应接近厨房，餐室可以是单独的房间，也可从起居室中以轻质隔断或家具分隔成相对独立的用餐空间。家庭餐室宜营造亲切、淡雅的家庭用餐氛围，餐室中除设置就餐桌椅外，还可设置餐具橱柜。由于现代城市家庭人口构成趋于减少（城市核心家庭人口已在3口左右），因此从节省和充分利用空间出发，在起居室中附设餐桌椅，或在厨房内设小型餐桌，即所谓“厨餐合一”，即不必单独设置餐室，当周末节日用餐或亲友来客用餐时，也可于起居空中设置桌椅用餐，为适应就餐人数多少的变化以及就餐空间大小与氛围的烘托，可折叠的餐桌以及灵活移动的隔断，在紧凑的现代住宅中具有较佳的适应性（图8-3、图8-4）。

8.2.3 卧室

卧室是住宅居室中最具私密性的房间，卧室应位于住宅平面布局的尽端，以不被穿通；即使在一室户多功能居室中，床仍应尽可能布置于房间的尽端或一角。室内设计应营造一个恬静、温馨的睡眠空间。

住宅中若有两个或两个以上卧室时，通常一间为主卧室，余为老人或儿童卧室。主卧室设置双人床、床头柜、衣橱、休息坐椅等必备家具，主卧室平面面积的大小和房主使用要求，尚可设置梳妆台、工作台等家具，有的住宅卧室外侧通向阳台使卧室有一个与室外环境交流的场所。现代住宅趋向于相对地缩小卧室面积，以扩大起居室面积，卧室内的家具也不宜过多；卧室各界面的用材，地面以木地板为宜，墙面可用乳胶漆、墙纸或部分用软包装饰，以烘托恬静、温馨的氛围，平顶宜简捷或设少量线脚，卧室的色彩仍宜淡雅，但色彩的明度可稍低。同时卧室中床、窗帘、桌布、靠垫等室内软装饰的色彩、材质、花饰也将对卧室氛围的营造起很大作用（图8-5、图8-6）。

8.3 厨房、浴厕间

8.3.1 厨房

厨房在住宅的家庭生活中具有非常突出的重要作用，操持者一日三餐的洗切、烹饪、备餐以及用餐后的洗涤餐具与整理等，一天2～3h需要耽搁在厨房，厨房操作在家务劳动中也较为劳累，有人比喻厨房是家庭中的“热加工车间”。

因此，现代住宅室内设计应为厨房创造一个洁净明亮、操作方便、通风良好氛围，在视觉上也应给人以井井有条、愉悦明快的感受，厨房应有对外开窗，直接采光与通风。

厨房设计时，设施、用具的布置应充分考虑人体工程学中对人体尺度、动作域、操作效率、设施前后左右的顺序和上下高度的合理配置。厨房内操作的基本顺序为：洗涤—配制—烹饪—备餐，各环节之间按顺序排列，相互之间的距离以450～600mm之间操作时省时方便。厨房内的基本设施有：洗涤盆、操作台（切菜、配制）、灶具（煤灶、液化气或煤气灶具、电灶）、微波炉、排油烟机、电冰箱、储物柜等（图8-7）。

厨房的操作台、储物柜等可以根据厨房平时由木工现场制作，但是从发展趋势，减少现场操作和改进面层制作质量来看，应逐步走向工厂化制作、现场安装的模式。一般由橱具生产或经营单位的技术人员到厨房现场量尺寸，出图后由工厂加工，然后再现场安装，也可生产定型单元由业主自行安装（图8-8）。

厨房的各个界面应考虑防水和易清洗，通常地面可采用陶瓷类同质地砖，墙面用防水涂料或面砖，平顶以白面防水涂料即可；厨房的照明应注意灯具的防潮处理，烧煮处在排油烟机处可设置灶台的局部照明。

8.3.2 浴厕间

浴厕间是家庭中处理个人卫生的空间，它与卧室的位置应靠近，且同样具有较高的私密性。小面积住宅中常把浴厕梳洗置于一室。面积标准较高的住宅，为使有人洗澡时，使用厕所不受影响，因此也可采用浴厕间单独分隔开的布局。多室户或别墅类住宅，常设置两个或两个以上的浴厕间。浴厕间的室内环境应整洁，平面布置紧凑合理，设备与各管道的连接可靠，便于检修。

浴厕间各界面材质应具有较好的防水性能，且易于清洁，地面防滑极为重要，常选用的地面材料为陶瓷类同质防滑地砖，路面为防水涂料或瓷质路面砖，吊顶除需有防水性能，还需考虑便于对管道的检修，如设置顶棚硬质塑胶板或铝合金板等。为使浴厕间臭气不进入居室，宜设置排气扇，使浴厕间室内形成负压，气流由居室沉入浴厕间。

根据世界卫生组织称污水管内空气倒流是2003年香港淘大花园导致非典疫情的重要原因之一，因此，室内各排污系统将面临挑战，需要从根本上加以改革，对控制气体倒流的存水弯、地漏水缝等能否达到合格标准，能否真正起到控制空气倒流的作用，也是不容忽视的问题，应随时加以检修，以防万一（图8-9）。

第9章 旅游建筑室内设计

旅游建筑包括酒店、饭店、宾馆、度假村等，近几年来得到了迅速的发展。

旅游建筑常以环境优美、交通方便、服务周到、风格独特而吸引四方游客。对室内装修也因条件不同而各异。特别在反映民族特色、地方风格、乡土情调、结合现代化设施等方面，予以精心考虑，使游人在旅游期间，在满足舒适生活要求外，了解异国他乡民族风格，扩大视野，增加新鲜知识，从而达到丰富生活、调剂生活的目的，赋予旅游活动游憩性、知识性、健身性等内涵。

对旅店来说，希望通过装饰档次来提高其级别，通过优美的环境和独特的装修手法，使旅客对旅店的生活和观感，能留下良好的印象和深刻的记忆，而激起日后再来的愿望。

9.1 旅馆设计特点

旅馆的服务对象——旅客，虽来自四面八方，有不同的要求和目的，但作为外出旅游的共同心态，常是一致的，一般体现在以下几个方面：

（1）向往新事物的心态

旅客外出旅游观光，一般选择从未去过的地方，希望通过旅游，在异国他乡能获得一些新奇事物的向往和祈望。如对不同的地域环境、风景名胜、城市风貌、风俗习惯、古迹都会发生浓厚的兴趣，激发他（她）们旅游的热情和积极性，获得新鲜信息愈多，愈能感到满足，否则就会感到乏味甚至扫兴。

（2）向往自然，调节紧张心理的心态

外出旅游、度假，对于日常处于紧张工作状态的人来说，就是生活上的一种自我调剂，特别希望与自然有更多的接触，得到大自然的阳光、空气、水的沐浴，享受秀丽的湖光山色，使生活更为轻松愉快，身心获得调整，使精神、体力得到恢复，以迎接新的挑战。如果在旅途生活中依然紧张繁忙，就会感到事与愿违，达不到旅游的初衷而失望。

（3）向往增进知识，开阔眼界的心态

“扩大眼界”、“见见世面”，是旅游者的一般心理，外出旅游的举措本身是一种进取、积极的心理表现，不论男女老幼或从事不同的职业的旅客，都希望扩大自身的知识范围并使业务能力获得进一步提高，因此，对与自己工作有关的事物会更敏感、更有兴趣。通过不同的信息交流，增长知识，增长才干，有利于自己将来从事的工作的进一步发展。

（4）怀旧感和乡情观念

怀旧心理和乡情观念，是古今中外人类心理的共同特征。旅游者除选择风景名胜外，对各地历史博物馆、名胜古迹、古玩市场等，普遍成为旅游的热点。现代人只有同时向前看和向后看，才能找到自己的确切位置，这是理所当然的。

根据旅客的特殊心态，旅馆建筑室内设计，应特别强调下列几点：

① 充分反映当地自然的人文特色；

② 重视民族风格、乡土文化的表现；

③ 创造返璞归真，回归自然的环境；

④ 建立充满人情味以及思古之幽情的情调；

⑤ 创建能留下深刻记忆的难忘的建筑品格。

建筑既是物质产品，又是精神产品，即蕴含着文化内涵。从建筑规划布局一直到室内装饰细部，无不与当地文化息息相关。不同地域的文化特色是使建筑共性中带有个性的主要因素。只有有意识地强调建筑中的个性，才能打破千篇一律、千人一面的局面。建筑中的不同流派、风格，反映了一定历史时期建筑文化思潮，主要起源于对不同时代建筑本质的理解和审美观念的认识，但它们不能代替对具体的、民族的、乡土的、地域的文化开发和创造。只有建设地方性很浓的旅游建筑，旅客才能感受到新鲜，感受到身处异国他乡的乐趣，并从异国文化中得到启迪，这样的建筑才具有普遍意义和生命力。所谓地域文化，包括思想观念、审美情趣、传统习俗、乡土意识等，经过历史的积淀，时间的考验，最终凝结在各种表现形式之中，为广大民众所认同。在现代建筑中，常用的建筑符号、装饰符号，都是在这些传统形式中提取、加工变化而运用的（图9-1）。

在现代旅馆中，也有不少采用中外古典风格来装饰建筑和室内，塑造了皇宫贵族式的豪华生活环境，使旅客可以体验一下与平民完全不同的生活内容，以满足某些旅客思古之情和好奇心理。据重庆人民宾馆反映，许多到重庆的外国人，不喜欢住现代式的宾馆，而喜欢住20世纪50年代初修建的人民大礼堂的人民宾馆，由于该建筑宏伟、壮丽，富有中国民族风格，该建筑虽然受到不少同行的批判，但还是吸引了不少外国游客，外宾说住在这里等于当了几天“皇帝”，非常过瘾（图9-2 ～图9-4）。

9.2 大堂的室内设计

旅店大堂是旅店前厅部的主要厅室，它常和门厅直接联系，一般设在底层，也有设在二层的，或和门厅合二为一的。大堂内部主要有：

① 总服务台，一般设在入口附近，且大堂较明显的地方，使旅客入厅就能看到，总台的主要设备有房间状况控制盘、留言及锁钥存放架、保险箱、资料架等。

② 大堂副经理办公桌，布置在大堂一角，以处理前厅业务。

③ 休息座，作为旅客进店、结账、接待、休息之用，常选择方便登记、不受干扰、有良好的环境之处。

④ 有关旅店的业务内容、位置等标牌，宣传资料的设施。

⑤ 供应酒水、小卖部，有时和休息座区结合布置。

⑥ 钢琴或有关的娱乐设施。

通向各处的公共楼梯、电梯或自动扶梯等交通枢纽和大堂有直接联系。

大室内的各种设施相互间应有一定的联系，一般进店旅客从大门进入大堂，找座位稍歇，安排行李，进行登记，再通过电梯、扶梯通向客房，而退房旅客路线与此相反。较大的旅店还常设有邮电、银行、寄存、商务中心、美容等业务，并和大堂有方便的联系，因此，在设计时应根据不同活动路线进行良好的组织。

大堂是旅客获得第一印象和最后印象的主要场所，是旅店的窗口，为内外旅客集中和必经之地，因此大多数旅店均把它视为室内装饰的重点，集空间、家具、陈设、绿化、照明、材料等之精华于一厅。很多把大堂和中庭相结合成为整个建筑之核心和重要景观之地。

因此，大堂设计除上述功能安排外，在空间上，宜比一般厅室要高大开敞，以显示其建筑的核心作用，并留有一定的墙面作为重点装饰之用（如绘画、浮雕等），同时考虑必要的具有一定含义的陈设位置（加大型古玩、珍奇品等）。在选择材料上，显然应以高档天然材料为佳，如花岗石、大理石、高级木材、石材可起到庄重、华贵的作用，高级木材装修显得亲切、温馨，至于不锈钢、镜面玻璃等也有所用，但应避免商业气息过重，因为这些材料在商店中已广泛应用。目前很少见到以织物为主装饰大厅的，大概织物更宜于客房、包箱之类的房间，从而也能起到相互对比衬托之故。大堂地面常用花岗石，局部休息处可考虑地毯，墙、柱面可以与地面统一，如花岗石或大理石，有时也用涂料，顶棚一般用石膏板和涂料。大堂的总台大部用花岗石、大理石或高级木材装修（图9-5）。

9.3 客房

客房应有良好的通风、采光和隔声措施，以及良好的景观（如观海、观市容等），或面向庭院。避免面向烟囱、冷却塔、杂物院等，以及考虑良好的风向，避免烟尘侵入。

9.3.1 客房的种类和面积标准

客房一般分为：

① 标准客房：放两张单人床的客房。

② 单人客房：放一张单人床的客房。

③ 双人客房；放一张双人大床的房间。

④ 套间客房：按不同等级和规模，有相联通的二套间、三套间、四套件不等，其中除卧室外一般考虑餐室，酒吧，客厅、办公或娱乐等空间，也有带厨房的公寓式套间。

⑤ 总统套房：包括布置大床的卧室、客厅、写字间或酒吧、会议室等。

客房面积标准：

五星级客房一般为26m^2，卫生间一般为10m^2，并考虑浴厕分设；

四星级客房一般为20m^2，卫生间一般为6m^2；

三星级客房一般为18m^2，卫生间一般为4.5m^2。

9.3.2 客房家具设备

① 床分单人床、双人床　床的尺寸按国外标准分为：

单人床　100cm×200cm

特大型单人床：115cm×200cm

双人床：135cm×200cm

王后床：135cm×200cm，180cm×200cm

国王床：200cm×200cm

② 床头柜，装有电视、音响及照明灯设备开关；

③ 装有大玻璃镜的写字台、化妆台及椅凳；

④ 行李架；

⑤ 冰柜或电冰箱；

③、④、⑤三项常组成组合柜。

⑥ 彩电；

⑦ 衣柜；

⑧ 照明　有床头灯、落地灯、台灯、夜灯及在门外显示“请勿打扰”照明等；

⑨ 休息坐椅一对或一套沙发及咖啡桌

⑩ 电话；

⑪ 插座。

卫生间：

① 浴缸一个，有冷热水龙头、淋浴喷头；

② 装有洗脸盆的梳妆台，台上装大镜面，洗脸盆上有冷热水管各一个；

③ 便器及卫生纸卷筒盒；

④ 要求高的卫生间，有时将盥洗、淋浴、马桶分割设置，包括四件卫生设备的豪华设施。

9.3.3 客房的设计和装饰

客房内按不同使用功能，可划分为若干区域，如睡眠区、休息区、工作区、梳洗区；客房内有时也可能容纳1～4人，有时几种功能发生在同一时间，如更衣和沐浴、睡眠和观看电视。因此在客房的家具设备布置时，在各区域之间，应有分隔又联系，以便对不同使用者，有相应的灵活性和适应性。

旅店中一般以布置两个单人床位的标准客房居多，客房标准层平面也常以此为标准，确定开间和进深，开间的最小净宽应以床长加居室门为标准。混合结构一般不小于3300mm，套间也常以二或三标准间联通，或在尽端、转角处常可划分出不同于标准间大小的房间作为套间之用。套间可分为左右套或前后套。

也有设计成前后套的，前为起居室，后为卧室，卫生间布置在中间，通过中间走道联系。因此一般说来，客房标准层在结构布置上是统一的。客房约占旅店60%面积，这样比较经济合理。

此外，还有不少由于建筑造型设计形成的特殊的平面空间的客房，可以因势利异，增加客房形式的丰富性和多样性。

客房的室内装饰应以在淡雅宁静中而不乏华丽性的装饰为原则，给予旅客一个温暖、安静又比家庭更为华丽的舒适环境。装饰不宜繁琐，陈设也不宜过多，主要应着力于家具款式和织物的选择，因为这是客房中不可缺少的主要的设备。

家具款式包括床、组合柜、桌椅，应采用一种款式，形成统一风格，并与织物取得协调。织物在客房中运用很广，除地毯外，如窗帘、床罩、沙发面料、枕套、台布，甚至可包括以织物装饰的场面，一般说来，在同一房间内织物的品种、花色不宜过多，但由于用途不同，选质也异，如沙发面料应较粗、耐磨，而窗帘宜较柔软，或有多层布置，因此，可以选择在视觉上、对色彩花纹图案较为统一协调的材料。此外，对不同客房可采取色彩互换的办法，达到客房在统一中有变化的丰富效果（图9-6～图9-10）。

客房的地面一般用地毯或嵌木地板。墙面、顶棚应选耐火、耐洗的墙纸或涂料。

客房卫生间的地面、墙面常用大理石或塑贴面，地面应采取防滑措施。顶棚常用防潮的防火板吊顶。

带脸盆的梳妆台，一般用大理石，并在墙上嵌有一片玻璃镜面（图9-11、图9-12）。

五金零件应以塑料、不锈钢材料为宜。

一般旅店均设有为旅客洗、熨衣服的业务，因此很少考虑晾晒衣服的问题。如带有阳台，选择适当的位置，主要不妨碍观瞻，可予以考虑，也会受到旅客的欢迎。许多豪华饭店均设有总统套房，其价格昂贵。这些套房均应予以特殊的装饰设计。

9.4 餐厅、宴会厅

旅店中的餐厅，一般分为宴会厅、中（西）餐厅、雅座包厢，餐厅的服务内容，除正餐外，还增设早茶、晚茶、小吃、自助餐等项目。某些宾馆餐厅内还设有钢琴、小型乐队、歌舞表演台，以供顾客在用餐时欣赏。

宴会厅与一般餐厅不同，常分宾主，执礼仪，重布置，造气氛，一切按有序进行。因此室内空间常作成对称规则的格局，有利于布置和装饰陈设，造成庄严隆重的气氛。宴会厅还应该考虑在宴会前陆续来客聚集、交往、休息和逗留的足够活动空间。

餐厅或宴会厅都常为节日庆典活动或婚丧、宴席的需要由单位或个人包用，设计时应考虑举行仪式和宾主席位的安排的需要，面积较大的餐厅或各个餐厅之间常利用灵活隔断，可开可闭，以适应不同的要求。常名为多功能厅，可举行各种规模的宴会、聚餐会、国际会议、时装表演、商品展览、音乐会、舞会等各种活动。因此，在设计和装修时考虑的因素要多一些，如舞台、音响、活动展板的设置，主席台、观众席位布置，以及相应的服务房间、休息室等。

在当今生活节奏加快、市场经济活跃、旅游业蓬勃发展的时期，餐饮的性质和内容也发生了极大的变化，它常是人际交往、感情交流、商贸洽谈、亲朋和家庭团聚的时刻和难得的机会，用餐时间比一般膳食延长不少，因此，人们不但希望有美味佳肴的享受，而且希望有相应的和谐、温馨的气氛和优雅宜人的环境。餐厅雅座为顾客提供了亲朋团聚不受干扰的小天地。

9.4.1 餐厅、宴会厅的设计原则

① 餐厅的面积一般以1.85m^2/座计算，指标过小，会造成拥挤，指标过宽，易增加工作人员的劳作活动时间和精力。

② 顾客就餐活动路线和供应路线应避免交叉。送饭菜和收碗碟出入也宜分开。

③ 中、西餐室或不同地区的餐室应有相应的装饰风格。

④ 应有足够的绿化布置空间，尽可能利用绿化分隔空间，空间大小应多样化，区、餐位之间的不受干扰和私密性。

⑤ 室内色彩，应明净、典雅，使人处于从容不迫、舒适宁静的状态和欢快的心境，以增进食欲，并为餐饮创造良好的环境。

⑥ 选择耐污、耐磨、防滑并易于清洁的材料。

⑦ 室内空间应有宜人的尺度，良好的通风、采光，并考虑吸声的要求（图9-13、图9-14）。

9.4.2 自助餐厅

自助餐厅设有自助服务台，集中布置盘碟等餐具，并以从陈列台上选取冷食，再从浅锅和油盘中选取热食的次序进行。

在一个区域，准备沙拉、三明治、糕饼等冷的甜食和饮料、水果，主餐厅应大到足以应付高峰时用餐的要求，较大的自助餐厅应更好地把食物和饮料分开，以避免那些只需要一点小吃和饮料而不要煮食的顾客因排长队而不满。服务台应避免设计成长排，应在高峰时期能提高工作效率和快速周转。

自助餐厅的厨房，要提供更多不同种类的食品，应仔细考虑从储藏、配制和烹调，至备餐的工作流程，避免不洁的餐具循环后至洗涤区。

9.4.3 火锅餐厅

火锅餐厅由于其独特的风味现已风行全国各地，常用液化气作为燃料，也有用固体燃料的。每张餐桌上都应设置抽油烟气罩，通过装饰处理加以美化，并应处理好存放气罐、管道设备和餐桌的关系。

重庆颐之时大酒楼火锅餐厅利用Y形组合菜架，利用菜架空间，解决了存放菜盘、隐蔽气桶和挂衣服的问题。各菜架构成了餐桌间的矮隔断，给各桌提供了相对独立的就餐小空间。雅间气罐隐蔽落柜中。

9.4.4 酒吧、休息厅

一般饭店均设有供应酒水、咖啡等饮料，为旅客提供宜人的休息、消遣、交谈场所，酒吧常独立设置或在餐厅、休息厅等处设立吧台，规模较大的酒吧设有舞池、乐团等设施。

美国康涅狄格州新港口某餐厅酒吧，该餐厅分为酒吧和餐厅两个主要区域，这两部分通过以酒吧为中心结合照明布置的放射形金属条板顶棚形式，在视觉上取得联系和统一。

美国明尼苏达明尼阿波利斯Radisson饭店酒吧，由金色金属和大片玻璃组成的围栏，留下一条清晰的线条，在桃红色和玫瑰色的色调中，非常醒目，该饭店套间也装有桃红色软垫的家具和地毯及金色陈设品，重复了酒吧的色彩主调。

9.4.5 餐厅的家具布置

餐桌的就餐人数应多样化，如2人桌、4人桌、6人桌、8人桌等。

餐桌相通道的布置的数据如下：

① 服务走道：900mm；通路：250mm。

② 桌子最小宽：700mm

③ 四人用方桌最小为：900mm×900mm

④ 四人用长方桌为：1200mm×750mm

⑤ 6人用长方桌（4人面对面坐，每边坐两人，两端各坐1人）1500mm

⑥ 6人用长力桌（6人面对面坐，每边坐3人）1800mm×750mm

8人用长方桌（6人面对面坐，每边坐3人，两端各坐1人）2300mm

8人用长方桌（8人面对面坐，每边各坐4人）2400mm×750mm

宴会用桌椅：

椅子背靠背宽度：在1650～1930mm之间变化。

桌宽600mm：长1140～1220mm。

圆桌最小直径 1人桌：750mm；2人桌：850mm；4人桌：1050mm；6人桌：1200mm；8人桌：1500mm。

餐桌高720mm，桌底下净空为600mm。

餐椅高440～450mm。

固定桌和装在地面的转椅桌高750mm，椅高450mm。

酒吧固定凳高750mm，吧台高1050mm（靠服务台一边高为900mm）。

搁脚板高250mm。

餐桌布置应考虑布桌的形式美和中、西方的不同习惯，加中餐常按桌位多少采取品字形、梅花形、方形、菱形、六角形等形式，西餐常采取长方形、“T”形、“U”形、“L”形、“口”字形等。自助餐的食品台，常采用“v”形、“s”形、“c”形和椭圆形。

9.5 餐厅、卡拉OK厅、KTV包房

舞厅的主要设备有舞池、演奏乐台、休息座、声光控制室等。常以举行交谊舞、迪斯科舞等群众性娱乐活动为主。国际标准舞有一套完整的步法和动作，具有表演性质，需要有较宽的活动场地。舞厅内有时也举行一些歌唱、乐器演奏和舞蹈等表演，因此也称歌舞厅，其舞台应略大一些。舞厅布置一般把休息座围绕舞池周围布置，舞池地面可略低于休息座区。这样，有明确的界限，互不干扰。地面也可按不同需要铺设，舞池地面常用材料有花岗石、水磨石、打蜡嵌木地板，也有用镭射玻璃的。休息座可采用木地面或铺设

地毯。

舞厅一般照明只需要较低的照度，舞厅灯光常采用舞厅的专用照明灯具设备，以配合音乐旋律的光色闪烁变幻为其特色。

卡拉OK厅以视听为主，一般也设有舞台和视听设备以及桌椅散座，规模较大的卡拉OK厅常与餐饮设施相结合。

KTV包房专为家庭或少数亲朋好友自唱自娱之用。没有视听设备、用以织物为主的装饰材料。

娱乐场所一般均备有酒水、点心、水果等供应，设计时可根据具体情况予以考虑（图9-15～图9-18）。

9.6 保龄球、健身房、桑拿房

保龄球也称地滚球，是一项适合于不同年龄、性别的集娱乐、竞技、健身于一体的室内体育活动。它起于德国，流行于欧美、大洋洲和亚洲一些国家。20世纪20年代传入我国上海、天津、北京等地，目前许多大中城市均设有保龄球场，并日趋普及。

现代化的保龄球设备由以下部分组成：

① 自动化机械系统，由程序控制箱控制的扫瓶、送瓶、竖瓶、夹瓶、升球、回球。

② 球道，长1915.63cm，宽104.2～106.6cm。助跑道，长457.2cm，宽152.2～152.9cm。

③ 记分台，由电脑记分系统、双人座位、投影装置、球员座位等组成。

保龄球场很少采用自然采光通风，球道两侧墙一般也不开窗，这样可以避免室外噪声的干扰和灰尘侵袭污染，同时也降低热损失和空调负荷。

墙面应是防潮、隔热的，内面可以用木装修或塑料，为了安全保障和减少维修，应尽量减少使用平板玻璃的面积。

使用间接照明用的隔断，可以采用半透明的材料（如有机玻璃）替代。

球道地面，在发球区和竖瓶区，可用加拿大枫木板条拼接，其余可用松木板条，其他区域的地面装修，在材质和色彩上，应能和墙面互相衬托，并使地面创造华贵的感觉。因为从入口进入场内，常起到第一印象的作用。常用乙烯基石棉板、地毯、水磨石、缸砖、陶瓷砖，也可使用有图案的乙烯基防火板，因为它们不易留脚印和其他泥迹。产品应是新的和同一批生产的，并应适当保留一部分作为日后修补和更换。地毯应用打环扣住，并用高质尼龙与黄麻或高密度泡沫作衬垫。地毯应用宽幅织布机织成，或缝接或胶接。地毯的重量和质量决定于使用于表面的纱线结构，地毯一般也用于管理柜台边沿、过道。

保龄球场的顶棚形式，最理想的是净跨（整跨）屋架顺着球道长向布置，比沿宽度布置为佳。因为这样可以使将来继续发展时较易处理。在纵向，柱子愈少愈好，柱子离犯规线至少应有60～96cm，并应保持491.01cm的空地，顶棚的形式应塑造成有助于对声音的控制和能隐蔽光源，将所有光源布置得使运动员看不到。

在顶棚内应设天桥，以便维修顶棚和屋顶及电源检修。

在顶棚与屋顶间的屋架区需要通风，以防止装饰受潮。

吊顶应用耐火材料。

桑拿浴能给人身心带来愉快和健康，如能经常沐浴在桑拿房中，使人得到完全的放松，使身体处于最佳状态，能奇迹般地消除紧张和烦恼，而且还有一种再生的感觉。在国外，不仅饭店有专门的桑拿浴室，而且家庭也装有桑拿浴室，他们并不认为这是一种浪费，而作为一种明智的健康投资。

桑拿浴的正确方法是：

① 进入桑拿前，作短暂的淋浴；

② 带着毛巾在桑拿凳坐下，一直待到自身感到十分愉快时为止；

③ 离开桑拿后，再用舒适、感觉良好的温凉浴去冲洗；

④ 然后又回到桑拿浴室中，一次次把满勺水浇在已加热的石头上，如放一枝嫩桦树枝在热石上，便可享受到极妙的森林的香味。

⑤ 最后用少量的水浇在石头上，感到皮肤热到有点刺痛时，才结束桑拿浴。

⑥ 再用其他方式淋浴后，裸坐并放松（决不要立刻穿衣服，否则会引起再次出汗），和毛孔关闭为止，同时可享受一杯冷饮，使透过全身有一种舒适的良好感觉。

因此设计时必须按照上述桑拿浴的全过程设计相应的房间，并布置相应的设备、设施。

9.7 饭店照明和色彩

9.7.1 照明设计要点

（1）舒适性

室内照明设计首先应该有利于人们在室内进行生产、工作、学习、生活和从事其它活动。灯具的类型、照明的方式、照度的高低、光色的变化等，都应与使用要求相一致。

照度过高、过低都不好。过高时，不仅浪费能源，还会损害人的视力；过低时，无法正常工作和学习，也会影响人们的健康。

闪烁的灯光可以增加节日气氛和戏剧性，但容易引起视觉疲劳，只能用于节日及某些气氛热烈的场所。一般工作和生活的环境，需要稳定、柔和的灯光，以便人们能够长时间工作和安逸地生活，而不感到疲倦。

灯光的颜色要符合环境的要求，使家具、陈设由于灯光的照射而更加美观和耐看，切忌使人的脸部惨白、灰绿或产生更加难看的效果。

（2）艺术性

室内照明应有助于丰富空间的深度和层次，明确显示家具、设备和各种陈设的轮廓。要表现材料纹理、质感的美，使色彩、图案更能体现设计的意图。在一般情况下，灯光的角度应使家具、设备和播种陈设更有立体感。阴影的大小、明暗的差别都要仔细推敲，力争产生良好的效果。

（3）统一性

这里说的统一性，主要指照明设计要与空间的大小、形状、用途和性质相一致，要符合空间的总体要求，而不能孤立地考虑照明问题。常有这种事：某灯具本身是一件绝好的艺术品，但配置到一个特定的环境里，却减色大半，甚至成了与环境格格不入的累赘。

要使照明与空间环境相协调，就要正确决定照明的方式，光源的种类，灯具的多少、大小、形式与光色，使照明在改善空间感、形成环境气氛等方面发挥积极的作用。

必须看到，在构成室内环境的种种因素中，“光”乃是一种能够为人们敏锐地感知的因子。它能够扩大或缩小空间感，并能形成静谧舒适的气氛，也能烘托欢快、热烈的场面，能够产生庄严、肃穆的效果，也能制造豪华富丽的气氛。这种效果与空间的用途和性质是否相符合，就是照明与环境是否统一的问题。

（4）安全性

现代照明一般都用电源，因此，线路、开关、灯具的设置都要采取可靠的安全措施，包括在危险之处设置标志等。

9.7.2 照明设计的主要内容

照明设计的主要内容有四项，即决定照度的高低，确定灯具位置，确定照明范围，选择灯具的类型。

（1）照度的高低

为使人们能够正常地工作、学习和生活，室内照明要有合适的照度。照度的标准由国家统一规定和颁布。

（2）灯具位置

正确的灯具位置应按照人们的活动范围和家具的体量来安排。例如，供人们看书、写字用的灯具应该与桌面保持恰当的距离，具有合适的角度，并使光线不刺眼。直接照射绘画、雕塑的灯具，应使绘画色彩真实、便于观赏，使雕塑明暗适度、立体感强。视野中的发光体或反射体表面亮度很大时，会因耀眼使人感到很不舒适，这种刺眼的现象就是所谓的眩光。眩光的强烈程度与发光体（在照明设计中主要表现为灯具）相对眼睛的角度有关。角度越小，眩光现象越强，照度损失越大。

（3）投光范图

投光范围在现代照明设计中是一个相当重要的问题。有些房间加大型的会议室、办公室和教室等需要均匀的光线。但是，更多的空间则需要通过控制投光范围使室内光线形成一定的明暗对比，分为明暗不同的区域。人们都有这样的体验：在剧院里将灯光全部集中到舞台上，会烘托表演的气氛，还能把观众的注意力吸引到舞台上。如果把观众厅的灯具全部开亮，那就不仅会分散观众的注意力，还会冲淡甚至破坏舞台照明，大大影响表演的效果。从这个例子看来，灯光应该照射到哪里？照射多大的范围？确实是照明设计中不可忽视的问题。

所谓投光范围就是达到照度标准的范围有多大？它决定于人们的活动范围和被照物体积或面积。如球桌所需的投光范围就是球台的面积；餐桌所需的投光范围就是餐桌的面积，壁画所需的光应该投射到整个画面上；起居室内待客、休息的地方，则应使光线照射到整个沙发组。有些时候，可能需要特别强调景物中的某个局部，比如画面的其一点，雕塑上的某个部分等，为此，也可增设专用灯具，以取得预期的效果。

调整投光范围主要靠调整灯罩的大小与形状，调整灯具的多少与高低。

（4）选择灯具

现代灯具设计的总趋势是重组机能，外形简洁，线条流畅，没有过多的装饰，注意发挥材料本身的自然美，充分发掘质感、色彩的表现力，注意生产的要求，出现了用标准零件组合的灯具。

选择灯具的原则：

① 要适合空间的体积与形状。大空间要用大灯具，小空间要用小灯具。且不可盲目地把大吊灯悬挂在小小的房间里，使人感到极度闭塞和拥挤。

② 要符合空间的用途和性格。大型宴会厅等，可以选用华丽的晶体灯。阅览室等则应选用造型简洁的灯具。上海龙柏饭店的螺旋梯上，选用了一串灯笼灯，色彩鲜艳，新颖活泼，造型与圆形梯井很相称，是成功选用灯具的好例子。

③ 要注意体现民族风格和地区特点。在那些民族性和地区性较强的建筑中，应力求采用一些能够体现风格和特点的灯具。

9.7.3 饭店照明

饭店照明按不同情况，可分为三种类型：①实用照明，用于厨房、洗衣房、车库、办公室等；②特殊的效果照明，用于各类不同功能的房间；③纯粹为装饰的照明。

（1）入口休息厅

应创造使人愉悦和吸引人的照明效果，以较高的照度在有高光照明或自然光的入口和门厅之间过渡。

（2）门厅

门厅是旅客看到旅馆室内的第一个部分，它应显示愉快、殷勤好客的气氛。不少饭店采用下列各种一般照明方式：

① 间接型照明的轻便灯（顶棚必须为白色或较浅色调）；

② 间接型悬挂式照明灯具，从顶棚上挂下来；

③ 均匀明亮的透明塑料板或玻璃镶板做成的发光顶棚（有时覆盖整个顶棚或墙面）；

④ 直接间接型悬挂泛光灯；

⑤ 暗灯槽照明和下射照明。

台灯一般用于旅客阅读的局部照明。

（3）前台

前台是旅客进入门厅后寻找的第一个地方，因此有较高的照度是必需的，常采用办公型的照明设备，挂式或嵌入式也是常用的。

（4）休息厅

应有愉快轻松的气氛，照明的表面应有优美的式样和吸引人的色彩，简单的方法是采用具有间接性照明的下射轻便灯具。

（5）走道

照明的表面应有优美的式样和吸引人的色彩，简单的方法是采用具有间接型照明走道，照明应使旅客较容易地和迅速地看清房门号和找到门上的锁眼，在天花板上装设连续的或分段的荧光灯，半间接或间接型白炽灯具是常用的。在布置灯具时，应避免由于走道中常出现的横梁面产生阴影，并应按规范要求设置应急照明。

（6）餐厅

餐厅的一般照明，应足以使旅客能看清菜单。照明系统中的灵活性，是希望提供不同照度的照明，并在色彩和性质上应与餐厅的装饰体系相一致，使墙面形成统一的高亮度，是有利的。下射照明和暗灯梢照明是常用的。有时也常用小台灯，偶然也用蜡烛作为补充照明，以增加迷人的情调。

（7）楼梯间照明

楼梯间照明，安全是最重要的，并常和实用与装饰相结合，如自动扶梯，应予以起到标志作用和采用高照度的照明。

（8）客房照明

多数情况客房用于小型的商贸洽谈和接待之用，这是饭店客房区别于家庭之处，因此照明应服务于许多功能，客房照明还应结合装修进行特定的制作，它应包括一般照明（如采用窗帘掩蔽的荧光灯照明，决定于房间的大小，可附加凹槽口的间接照明），以及床头灯和桌子、沙发等处的局部照明。

床头灯因为阅读须有足够的亮度，并应不影响室内的其他人，因此不推荐用床边的台灯进行床头阅读。装在墙上的床头灯应有足够的高度，使坐在床上的人，头上有足够的空间。为梳妆台或墙上镜子的照明，最好采用有扩散作用的乳白色玻璃，隐蔽起来的荧光灯，装于镜子上面或两侧。

浴室内的总体照明，常与镜子的照明相结合，镜子照明的安装应朝向照亮人的脸部，而不是去照亮镜子，一般可用1～2支40W或65W荧光灯。

9.8 饭店色彩

决定饭店色彩的因素很多，大致可以分为下列几点。

（1）环境

饭店所处的环境不同，色彩也应有不同的考虑，如位于闹市区、郊区、风景区、海滨、山地、园林等。不但建筑造型应与周围环境相配合，还应考虑与内外空间的色彩相协调，做到适得其所。比如，在大都市闹市区，一般饭店均希望装饰得富丽堂皇，以反映都市形象，甚至互相攀比，祈求一家胜过一家，因此常搞得变成材料堆积，五花八门，但实际效果并个理想。如果在闹市中把饭店变成“一块绿洲”、“一方净土”，可能效果更为好些。应在平淡中显高贵，静中有动，才是真正色彩的效果。处于风景区的饭店，一般都主张淡化建筑色彩，不与景色争高低，而使旅客能专心于对自然风光的欣赏，色彩是为人服务的，不要用色彩去干扰他们的活动，这是用色的基本原则。

（2）气候

不同地区由于气候原因，如寒带、热带、亚热带等，一般都希望有相应的色彩空间环境与之相配合，以便在心理上取得平衡。南北方在用色上，有传统的习惯和明显的差别，这是不言而喻的。

（3）民族和地方色彩

各民族、地区在历史上长期形成的习俗、观念也反映在色彩上，当地所用建筑材料包括石、砖、木、竹、藤以及织物、工艺品等室内装饰材料，所形成的色彩效果往往富有地方特色，应该予以充分的利用，这是体现地域性的一个重要方面。我国是一个多民族国家，传统色彩十分丰富，应该在建筑内外空间上予以充分地显示出来。

（4）反映不同旅客的心理要求

每座饭店都有它的客源和经常的服务对象。应研究他们住店的特殊需求和希望，并从色彩的要求去满足他们的要求。

（5）色彩应符合人的视觉规律

色彩对人的心理、生理影响和重要性已被实验所证实。不同的生物和活动内容，对色彩有不同的要求，如居住、睡眠、餐饮、娱乐、休息等，都应有相应的色彩环境。但从整体上讲，每个饭店在色彩上应有明确的主导色彩，局部应服从整体要求，才能充分发挥色彩的作用和魅力，给旅客留下深刻的印象。不同空间的色彩要求可以在统一色调的基础上适当变化色彩的明度与彩度，或者采用其他方法，如通过布置陈设品、绿化花卉来点缀和补充对缺乏某些色彩的不足。

（6）反映饭店的个性

每个饭店都应具有自己的特色，方能吸引旅客。西方有些以娱乐为主的饭店，它的设计主导思想不是要求"宾至如归"像回到家里一样，而恰恰相反，要让旅客感受到生活在和家里完全不同的另一个世界里，产生梦幻般的新奇感，乐而忘返。这种带有浓厚商业性质的思想虽不足效仿，但是关怀旅客对变化了的生活发生兴趣，应该说是有一定道理的，只要全心全意为旅客着想，饭店的新的构思和个性特色，是完全可以通过色彩去充分表现出来的。

北京香山饭店的中庭、休息厅、餐厅等，表明了色彩的统一性和待定环境对色彩的要求，同时也反映了对中国民居建筑传统色彩的运用，在中庭中可以看到地毯用的是中国传统的冰纹图案。

参考文献

[1] 来增祥，陆震纬编．室内设计原理（上）（附光盘）．北京：中国建筑工业出版社，2006．

[2] 陆震纬，陆震纬，来增祥编．室内设计原理（下）（附光盘）．北京：中国建筑工业出版社，2004．

[3] 朱钟炎，王耀仁，王邦雄编．室内环境设计原理．上海：同济大学出版社，2003．

[4] 隋洋编．室内设计原理（上、下）．吉林：吉林美术出版社，2006．

[5] 易西多，陈汗青编．室内设计原理．武汉：华中科技大学出版社，2008．

[6] 张绮曼，郑曙旸编．室内设计资料集．北京：中国建筑工业出版社，1991．

[7] 郑曙旸编．室内设计思维与方法．北京：中国建筑工业出版社，2003．

[8] 郑曙旸编．环境艺术设计．北京：中国建筑工业出版社，2007．

[9] 郑曙旸编．室内设计程序．北京：中国建筑工业出版社，2005．

图1-1　观赏陈列品1

图1-2　观赏陈列品2

图1-3　观赏陈列品3

图1-4　实用陈列品1

图1-5　实用陈列品2

图1–7　包豪斯校舍

图1–6　北京故宫太和殿的内部装修

图1–8　室内风、水、电的协调配合

图1–9　光彩效果影响室内气氛

图1–10　光照影响室内气氛

图1–11　灰色调

图1–12　陈设装饰1

图1–13　陈设装饰2

图1–14　陈设装饰3

图1–15　室内小品

图2-1　格式塔实例

图2-2　格式塔实例简约

图2-3　日本丹下健三设计的日南文化中心

图2-4　嵌入式

图2-5　壁式橱柜

图2-6　悬挂式1

图2-7　悬挂式2

图2-8　桌橱结合式

图3-1　灯具排列产生的艺术效果

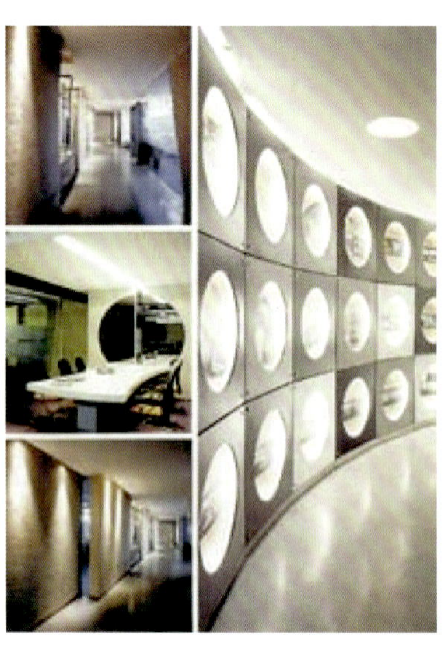

图3-2　灯具配置产生的艺术效果

图4-1　白色建筑

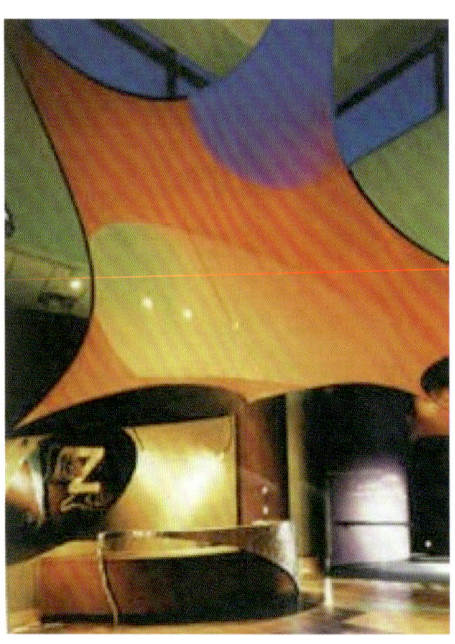

图4-2　黄色光的反射

图4-3　餐厅光照效果

图4-4　酒吧光照效果

图4-5　橙色调

图4-6　中性色调与其它色调的对比

图4-7　暖色调　高明度

图4-8　冷色调　低明度

图4-9　色彩重量感

图4-10　色彩平衡感

图4-11　色彩尺度感

图4-12　绿色调

图4-13　紫色调

图4-14　单色调1

图4-15 单色调2

图4-16 相似色调1

图4-17 相似色调2

图4-18 互补色调

图4-19 无彩系色调1

图4-20 无彩系色调2

图4-21 意境美

图4-22　形式美

图5-1　明代家具1

图5-2　明代家具2

图5-3　明代家具3

图5-4　明代家具装饰

图5-5　古埃及家具

图5-6　古希腊风格家具

图5-7　古罗马家具椅子加壁画

图5-8　文艺复兴时期家具1

图5-9　文艺复兴时期家具2

图5-10　巴洛克风格家具

(1) 英国齐宾代尔书柜

(2) 英国齐宾代尔中国风味餐桌

(3) 1730年英国“高背少年”抽屉柜

(4) 1750年英国洛可可抽屉柜

(5) 1726年英国宫廷雕刻长桌

图5-11

(6) 1745年英国洛可可胡桃木椅　(7) 1735年英国木雕刻镀金长椅　(8) 1740年英国洛可可扶手椅

(9) 18世纪中期意大利圆鼓形橱柜

(10) 1740年意大利中国漆饰抽屉柜

(11) 18世纪中期意大利宫廷卧室家具

(12) 1750年意大利镶嵌象牙小桌

(13) 1760年英国齐宾代尔中国风格家具

(14) 1755年英国齐宾代尔中国风格桌

图5-11　洛可可式家具

图5-12　红、黄、蓝三色椅

图5-13　Z字形椅

图5-14 家具的多元化

图5-15 木制家具

图5-16 藤、竹家具

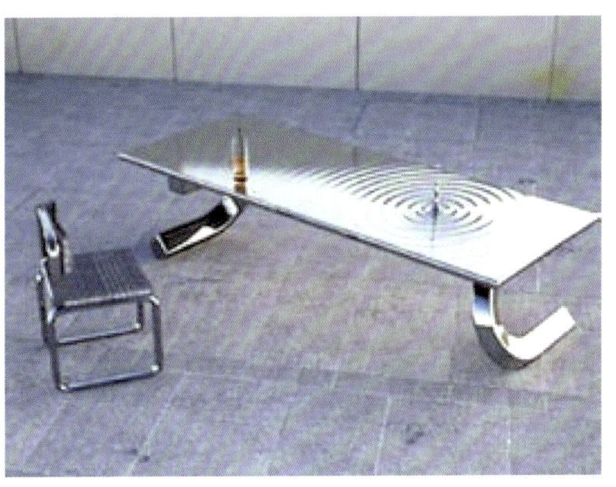

图5-17 金属家具

图5-18 塑料家具

图5-19 软垫家具

图5-20　中式风格陈设

图5-21　落地陈设

图6-1　传统风格

图6-2　自然风格

图6-3　高技风格

图6-4　混合型风格

图6-5　多色相配置

图6-6　白色派陈设

图6-7　高技派

图6-8　光亮派

图6-9　新洛可可派陈设

图6-10　超现实派

图6-11　解构主义派

图6-12　装饰艺术派

图7-1　多用门厅

图7-2　开敞式楼梯

图7-3　苏州工业园区市场大厦1

图7-4　苏州工业园区市场大厦2

图7-5　苏州工业园区市场大厦3

图8-1　会议室灯具设置

图8-2　起居室

图8-3　厨餐接合式

图8-4　开敞式餐厅

图8-5　主卧1

图8-6　主卧2

图8-7　U型厨房

图8-8　开敞式厨房

图8-9　浴厕结合式

图9-1 自然与人文的结合

图9-2 中外古典结合式

图9-3 园林建筑

图9-4 民居

图9-5 宾馆大厅

图9-6　套房客厅

图9-7　套房书房

图9-8　起居室

图9-9　多功能厅

图9-10　多功能卧室

图9-11 客房卫生间

图9-12 带脸盆的梳妆台

图9-13　宴会厅

图9-14　餐厅

图9-15　卡拉OK厅

图9-16　走廊1

图9–17　走廊2

图9–18　酒吧